广西野生和特色柑橘种质资源图集

邓崇岭 陈传武 唐艳 等 著

中国农业科学技术出版社

图书在版编目（CIP）数据

广西野生和特色柑橘种质资源图集 / 邓崇岭等著. --北京：中国农业科学技术出版社，2024.1

ISBN 978-7-5116-6443-3

Ⅰ. ①广… Ⅱ. ①邓… Ⅲ. ①柑桔类—种质资源—广西—图集 Ⅳ. ①S666.024-64

中国国家版本馆CIP数据核字（2023）第181792号

责任编辑 白姗姗
责任校对 李向荣
责任印制 姜义伟 王思文

出 版 者 中国农业科学技术出版社
北京市中关村南大街 12 号 邮编：100081
电 话 （010）82106638（编辑室）（010）82109702（发行部）
（010）82109709（读者服务部）
网 址 http:// www.castp.cn
经 销 者 各地新华书店
印 刷 者 北京地大彩印有限公司
开 本 185 mm×260 mm 1/16
印 张 14
字 数 260 千字
版 次 2024 年 1 月第 1 版 2024 年 1 月第 1 次印刷
定 价 168.00 元

《广西野生和特色柑橘种质资源图集》

著者名单

主　著　邓崇岭　陈传武　唐　艳

著　者　邓崇岭　陈传武　唐　艳　武晓晓　蒋运宁

付慧敏　刘　萍　邓光宙　刘升球　石健泉

郭小强　刘冰浩　娄兵海　蒋生发　马小萍

王举兵　廖奎富　吴齐仟　林　林　黄裕志

梁陈民　徐志美　蒋建明　费永红　何雪玲

莫连庆　李贤良　刘强涛　唐和平　方海猛

李双林　姚　宁　吴伟平　谭卫宁　林子桢

资助本书出版的项目和平台

1. 国家自然科学基金资助项目“广西野生及特有柑橘种质资源遗传多样性研究”(31160388)

2. 国家自然科学基金区域创新发展联合基金重点支持项目“耐黄龙病柑橘资源发掘与耐病性机制解析”（U23A20198）

3. 广西自然科学基金重点项目“广西特有柑橘种质资源遗传演化研究”(2013GXNSFDA019014)

4. 广西创新驱动发展专项资金项目课题“耐（抗）黄龙病柑橘种质资源收集、相关抗性基因挖掘及新种质创制”（桂科 AA18118046–6）

5. 国家重点研发计划课题“柑橘优质高效品种筛选及配套栽培技术研究”（2019YFD1001402）

6. 广西科技重大专项“柑橘种质创新、新品种选育及高效繁育关键技术的研发与应用推广”(桂科 AA22068092)

7. 国家重点研发课题“柑橘黄龙病菌致病机制与抗性种质创新”（2021YFD1400801）

8. 广西科学研究与技术开发计划“柑橘晚熟及优异种质的筛选和培育”（桂科合 1599005–2–15）

9. 广西自然科学基金项目“晚熟柑橘新种质的植物学特性、丰产性及适用性研究”（桂科自 0991187）

10. 广西自然科学基金项目“南丰蜜橘新种质的收集、植物学特性及分子生物学鉴定研究”（2010GXNSFA013074）

11. 广西创新驱动发展专项资金项目课题“水果种质资源收集鉴定与保存”(桂科 AA17204045-4)

12. 广西自然科学基金项目“耐黄龙病柑橘种质材料响应黄龙病菌不同侵染时期的生物学研究”(2020GXNSFBA297158)

13. 桂林市科学研究与技术开发计划项目“柑橘特色种质资源收集、保存与筛选”(20120118-11)

14. 桂林市科学研究与技术开发计划项目“柠檬优新品种引进与筛选”(20160223-4)

15. 国家现代农业产业技术体系广西柑橘创新团队首席专家岗位 (nycytxgxcctd-2021-05)

16. 国家现代农业(柑橘)产业技术体系桂北柑橘综合试验站 (CARS-26)

17. 广西柑橘育种与栽培技术创新中心

18. 农业部广西桂林市国家柑橘原种保存及扩繁基地

19. 广西特色作物试验总站 (TS202101)

20. 广西桂北特色经济作物种质创新与利用重点实验室

21. 广西柑橘种质资源圃(桂林)

序　言

我国是柑橘的重要原产地之一，全球主栽的柑橘品种类型绝大部分原产于我国，现今在我国长江水系及以南的广大地区还分布着大量野生或地方特色柑橘资源。广西是我国柑橘的核心主产区，产量连续 8 年稳居全国第一，2022 年广西柑橘种植面积达 63.10 万 hm^2（946.54 万亩），约占全国的 1/5，产量 1 808.04 万 t，约占全国的 1/3，年产值达 536.51 亿元。

广西地貌特征复杂，自然条件优越，蕴藏着丰富的柑橘种质资源。自 20 世纪 60 年代以来，广西先后发现了姑婆山野橘（元橘）、姑婆山臭柑（皱皮柑）和野生宜昌橙等种质资源；21 世纪又陆续发现了兴安野橘、资源野橘、恭城野橘及灌阳野橘等宝贵地方野生资源；同时广西还分布有沙田柚、沙柑、白檬檬、扁柑、岑溪红皮酸橘、宁明橘等地方特有柑橘种质资源。种子是农业的芯片，种质资源是种业的芯片。因此，对广西的野生和特色柑橘种质资源进行收集、保存、保护、发掘及创新利用具有很高的科学价值和经济价值。

为了摸清广西柑橘种质资源现状，广西特色作物研究院邓崇岭研究员及其团队的科研人员总结他们多年来在广西柑橘种质资源研究领域的成果，撰写了《广西野生和特色柑橘种质资源图集》。本书的作者均是从事柑橘种质创新和品种选育方面的专家及科技工作者，长期在生产一线从事柑橘资源收集、育种、栽培和病虫害防控等研究工作，熟悉各个种质资源材料的来源、分布地点及主要性状。全书共有代表性照片 370 余幅，内容丰富、资料翔

实、图文并茂，是一部很好的专业书籍，可供柑橘教学、科研、技术推广、生产和科普等相关人员学习和参考。

我相信，此书的出版对促进我国柑橘资源的保护和柑橘产业高质量发展均具有十分重要的意义。

中国柑桔学会理事长 程运江

国家柑橘产业技术体系首席科学家

华中农业大学教授

前言

广西柑橘栽培历史悠久，已有 4 000 多年的栽培历史。1976 年，广西贵县（现贵港市）罗泊湾发掘的公元前西汉石墓中，就发现保存完好的柑橘种子（炭化果实），从而可以判定广西郁江流域一带，2 000 年前就普遍有柑橘种植。广西是中国柑橘主产区之一，截至 2022 年，广西柑橘种植面积达 63.10 万 hm^2（946.54 万亩）、产量 1 808.04 万 t、产值 536.51 亿元，柑橘产量连续 8 年居全国第一。

广西地处祖国南疆，位于东经 104°26′～112°03′，北纬 20°54′～26°23′，北回归线横贯中部，东西最大跨距约 771 km，南北最大跨距约 634 km。地处中国地势第二台阶中的云贵高原东南边缘，两广丘陵西部，总的地势是西北高、东南低，呈西北向东南倾斜状。四周多山地、山脉多呈弧形，中部和南部多丘陵平地，呈盆地状，有“广西盆地”之称。山多地少是广西土地资源的主要特点，山地、丘陵和石山面积占总面积的 76.54%，平原和台地占 23.46%，水域面积占 3.17%。属亚热带季风气候区，气候温暖、雨水丰沛、光照充足、干湿分明、冬少夏多。各地年平均气温 17.6～23.8℃，年日照时数 1 231～2 209 h，年降水量 723.9～2 983.8 mm。如此复杂的地貌特征和优越的自然条件，为生物多样性创造了条件，使广西蕴藏着丰富的柑橘种质资源，为开展柑橘资源调查、收集、研究、挖掘与利用提供了充足的材料基础和先决条件。

作物种质资源是重要的生物资源，也是农业科学原始创新、种业振兴和

生物技术及产业发展的源头与源泉，是实现农业高质量发展，保障国家粮食安全、生态安全和能源安全的战略性资源。利用种质资源研发出的作物新品种，在现代农业领域发挥着“芯片”的作用，体现着国家农业发展和农业企业经营的核心竞争力。柑橘种质资源蕴藏各种性状的遗传基因，它们既是柑橘生产上极其宝贵的自然财富，也是育种工作者和生物学研究的重要材料。因此，对柑橘种质资源进行调查、收集、保存、保护、发掘及创新利用具有重要的现实意义和深远的历史意义。

1959 年，广西农业厅和科委曾组织科技人员并发动群众，进行广泛的柑橘资源调查工作；1962—1964 年，中国农业科学院柑桔研究所曾勉带领叶荫民和赵学源等科研人员，深入广西各地开展柑橘品种资源考察调查，在贺县（现贺州市）姑婆山发现和收集到两个柑橘原始类型——姑婆山野橘（元橘）和姑婆山臭柑（皱皮柑）；1978—1986 年，广西柑桔研究所（现广西特色作物研究院）石健泉深入到各柑橘产区调查研究，于 1978 年、1984 年又先后在桂北龙胜和兴安县的猫儿山相继发现野生宜昌橙群落分布，同时对广西柑橘资源进行了收集和整理，共收集柑橘品种、品系或类型 462 个；2008 年，覃一明、石健泉等承担农业部科技司下达给广西的“野生植物资源调查”项目，先后与桂林、梧州、柳州、南宁、河池、玉林、来宾等地的 32 个单位联合，开展了广西檬檬、野生（山）酸橘等资源分布和生态特性等方面的调查研究；2006—2023 年，广西特色作物研究院邓崇岭团队在国家自然科学基金、广西自然科学基金重点项目等项目（课题）的资助下，先后在贺州市姑婆山的姑婆心、姑婆肚及向南冲发现野生的姑婆山野橘和姑婆山臭柑，首次在广西兴安县华江瑶族乡境内南岭山脉的越城岭主峰猫儿山发现野生宽皮柑橘类型——兴安野橘，首次在广西境内南岭山脉的越城岭腹地区域的西北侧余脉的资源县梅溪镇八角寨（又名云台山）发现野生宽皮柑橘类型——资源野橘，首次在广西恭城瑶族自治县海洋山南段发现野生宽皮柑橘类型——恭城野橘，首次在广西境内都庞岭灌阳县千家洞国家级自然保护区发现野生宽皮柑橘类型——灌阳野橘，同时对兴安猫儿山、龙胜花坪、融水九万大山、灌阳千家洞、资源八角寨、田林县、罗城仫佬族自治县、岑溪市、容县、荔浦市、永福县、阳朔县、融安县、大新县等地开展宜昌橙、大种橙、白檬檬、酸橘、扁柑、沙柑、宁明橘、腊月柑、沙田柚、砧板柚、酸柚、金柑等柑橘资源进行调查、复核和收集，在全国首次开展耐（抗）柑橘黄龙病种质材料的调查、收集、保存及筛选等试验、观察和研究工作。

广西特色作物研究院承担国家自然科学基金项目“广西野生及特有柑橘种质资源遗传多样性研究”、广西自然科学基金重点项目“广西特有柑橘种质资源遗传演化研究”、国家现代农业产业技术体系广西柑橘创新团队首席专家岗位及国家现代农业（柑橘）产业技术体系桂北柑橘综合试验站等项目、课题和岗位，组织有关专家深入柑橘产区对广西野生和特有柑橘种质资源进行调查、收集和保存，建立了广西柑橘种质资源圃（桂林）和广西耐（抗）柑橘黄龙病种质资源圃，保存了大量的原始材料，目前共收集、保存柑橘品种、品系或类型 575 份，疑似耐（抗）柑橘黄龙病种质材料 182 份，并开展孢粉学、分子标记、基因组重测序、泛基因组测序、重要性状精准鉴定、功能基因鉴定、挖掘及利用等研究工作。为了全面介绍广西柑橘种质资源研究成果，有利于柑橘种质资源的保存、保护、发掘利用及科学研究，广西特色作物研究院组织撰写了《广西野生和特色柑橘种质资源图集》一书，全书共收集广西野生和特色柑橘种质资源 40 份及部分疑似耐（抗）柑橘黄龙病种质材料，每个资源记述其来源、主要的植物学特性和果实性状、综合评价，并附图片 370 余幅。本书比较全面地反映了广西野生和特色柑橘种质资源现状，为开展柑橘生物学研究提供了丰富的材料，将对柑橘资源的保护、开发、利用及科学研究具有深远意义。

本书在编写过程中得到广西壮族自治区农业农村厅、广西壮族自治区科学技术厅、广西特色作物研究院等有关单位领导的关心和支持。中国柑橘学会理事长、国家柑橘产业技术体系首席科学家、华中农业大学园艺林学学

院院长程运江教授在百忙中为本书写序，华中农业大学徐强教授、伊华林教授、柴利军教授、彭抒昂教授，湖南农业大学邓子牛教授，西南大学柑桔研究所江东研究员，广东省农业科学院果树研究所钟广炎研究员等专家对书稿的完成给予了大力指导、支持与帮助，并提出了许多有益的意见，在此一并表示由衷的感谢！

由于撰写时间有限，书内收集的材料仍有缺陷，有些地区尚未深入了解，材料未能收集齐全，有待继续补充和修订。另外，限于著者水平，疏漏和不妥之处在所难免，敬请读者批评指正。

著　者

2023 年 10 月于桂林

目 录

第三章 广西其他芸香科种质资源

第四章 耐（抗）柑橘黄龙病种质资源

第一章

广西野生柑橘种质资源

第一节　柑橘属

一、宜昌橙类

1. 宜昌橙（*Citrus ichangensis* Swingle）

（1）龙胜宜昌橙

来源与分布：国家二级重点保护野生植物。1955 年，中国植物研究所调查组首次在龙胜多地发现宜昌橙，调查组采集标本现存放于中国植物研究所标本档案馆内。1979 年 6 月，广西柑桔研究所（现广西特色作物研究院）石健泉在龙胜各族自治县平等乡小江村发现宜昌橙 160 余株。2013 年 9 月，邓崇岭团队分别到桂林市龙胜各族自治县平等乡西江坪（海拔 1 255 ～ 1 384 m）、小江村（海拔 1 194 ～ 1 361 m）等地开展了广西野生宜昌橙资源调查，均发现有宜昌橙群落分布，共收集野生宜昌橙种质资源 19 份（图 1–1 至图 1–3）。为对广西野生柑橘资源保护保存提供依据，研究团队以广西龙胜各族自治县平等乡野生宜昌橙种群为研究对象，采用空间代替时间的分析方法，编制并分析广西野生宜昌橙龙胜种群的静态生命表和生存分析函数值表，结果表明，该野生宜昌橙种群存活曲线更趋于 Deevey–I 型（图 1–4），种群的存活率呈下降趋势，相应的积累死亡率呈上升趋势，其下降或增加的幅度是前期高于后期。种群生长过程中死亡高峰期出现在幼龄期。该野生宜昌橙种群生存现状严峻，亟待加强保护。所收集的宜昌橙资源种植于广西柑橘种质资源圃（桂林）。

图 1–1　龙胜野生宜昌橙资源调查 –1

图 1–2　龙胜野生宜昌橙资源调查 –2

图 1–3　龙胜野生宜昌橙资源调查 –3

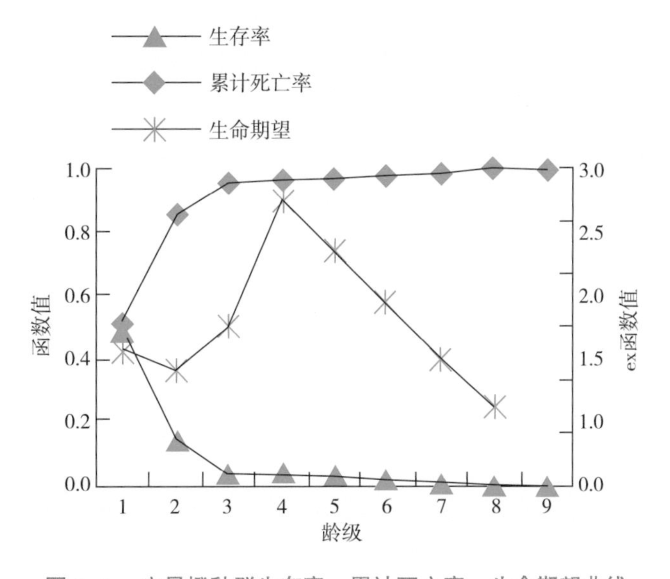

图 1–4　宜昌橙种群生存率、累计死亡率、生命期望曲线

主要性状：树冠圆头形，分枝密，刺长坚硬（图 1–5、图 1–6）。叶狭长椭圆形，春梢叶片长 7.9 cm，宽 3.4 cm，叶先端长尾状、具凹口，叶缘钝锯齿，浅波缘；翼叶大，倒卵形，几乎与本叶叶身等长，长 5.3 cm，宽 2.8 cm（图 1–7）。花白色，花瓣 5 瓣，花径 2.1 ～ 3.2 cm，花丝联结成束，雄蕊 20 枚（图 1–8）。果实中等大，近球形，横径 5.4 cm，纵径 5.7 cm，果形指数 1.06；单果重 76.3 g；果顶部稍隆起，果蒂部有不明显放射沟纹，果面粗糙；皮易剥离，中心柱充实（图 1–9）。每果种子数 19 ～ 27 粒，饱满、光滑、肥大，近圆形，子叶乳白色，单胚。果实成熟期 11 月中下旬。

图 1–5　龙胜野生宜昌橙成年树 –1

图 1–6　龙胜野生宜昌橙成年树 –2

图 1-7　龙胜野生宜昌橙叶片

图 1-8　龙胜野生宜昌橙开花状

图 1-9　龙胜野生宜昌橙结果状

（2）融水宜昌橙

来源与分布：国家二级重点保护野生植物。2013 年 11 月，广西特色作物研究院柑橘品种资源团队分别赴柳州市融水苗族自治县九万大山杨梅坳（海拔 1 198 ～ 1 246 m）、大美湾（海拔 1 049 ～ 1 126 m）等地开展了广西野生宜昌橙资源调查（图 1–10），发现了宜昌橙群落分布，共收集野生宜昌橙种质资源 18 份。所收集的宜昌橙资源种植于广西柑橘种质资源圃（桂林）。

图 1–10　融水野生宜昌橙资源调查—杨梅坳（介弯）

主要性状：融水宜昌橙树冠圆头形，枝条粗壮，具硬刺（图 1–11 至图 1–13）。叶椭圆形，顶部渐狭尖，春梢叶片长 4.8 cm，宽 2.2 cm；翼叶比叶身略短小，翼叶长 3.5 cm，宽 2.1 cm，呈倒卵形（图 1–14）。花小，花瓣淡紫红色或白色，萼浅裂，花丝筒状，基部联结不分离（图 1–15）。果实高扁圆形或球形，成熟时果皮黄色，粗糙，油胞大，明显凸起，果肉淡黄白色（图 1–16、图 1–17）。子叶乳白色，单胚。

图 1–11　融水野生宜昌橙成年树 –1（大美湾）

图 1–12　融水野生宜昌橙成年树 –2（大美湾）

图 1–13　融水野生宜昌橙成年树 –3

图 1–14　融水野生宜昌橙叶片

图 1–15　融水野生宜昌橙花蕾

图 1–16 融水野生宜昌橙果实 –1［杨梅坳（介弯）］

图 1–17 融水野生宜昌橙果实 –2［杨梅坳（介弯）］

（3）猫儿山宜昌橙

来源与分布：国家二级重点保护野生植物。1984 年，石健泉在兴安县猫儿山发现宜昌橙。2013 年 12 月，邓崇岭团队在猫儿山开展了广西野生宜昌橙资源调查，发现野生宜昌橙群落。其主要分布在桂林市兴安县猫儿山梯子岭和桐木江（海拔 1 051 ～ 1 082 m）处，共收集野生宜昌橙种质资源 8 份（图 1–18、图 1–19）。调查组将收集到的宜昌橙资源种植于广西柑橘种质资源圃（桂林）。

主要性状：猫儿山宜昌橙树冠圆头形，枝条细长具硬刺（图 1–20）。叶片椭圆形，春梢叶片长 6.3 cm，宽 3.1 cm；先端微呈尾状、具凹口，叶基狭楔形，叶基长尾状；翼叶心形或倒卵形，长 4.5 cm，宽 2.7 cm，心形或倒卵形（图 1–21、图 1–22）。花紫红色，较小。果实球形或高扁圆形，横径 7.3 cm，纵径 6.6 cm，果形指数 0.9，平均单果重 146.3 g；果皮柠檬黄色，较粗糙；果顶平或微凹；果蒂部稍凸或平，囊瓣 8 瓣，汁胞少或极少，颗粒或纺锤状，黄白色（图 1–23、图 1–24）。种子大、厚，平均每果种子 54.2 粒，种子平均重 1.1 g，表面光滑，外种皮黄白色，单胚（图 1–25）。

图 1–18　兴安县猫儿山梯子岭野生宜昌橙资源调查

图 1–19　兴安县猫儿山桐木江野生宜昌橙资源调查

图 1–20　兴安县猫儿山梯子岭野生宜昌橙

图 1–21　兴安县猫儿山梯子岭野生宜昌橙叶片

图 1-22　兴安县猫儿山桐木江野生宜昌橙叶片

图 1-23　兴安县猫儿山野生宜昌橙结果状

图 1-24　兴安县猫儿山野生宜昌橙果实

图 1-25　兴安县猫儿山梯子岭野生宜昌橙种子

（4）田林宜昌橙

来源与分布：国家二级重点保护野生植物。2013 年 3 月，广西特色作物研究院柑橘品种资源团队赴百色市田林县调查宜昌橙资源，在凤潞农场发现 3 株野生宜昌橙，分布在海拔 375 ～ 398 m 处（图 1-26、图 1-27）。所收集的宜昌橙资源种植于广西柑橘种质资源圃（桂林）。

图 1-26　百色市田林县野生宜昌橙 -1

图 1-27　百色市田林县野生宜昌橙 -2

主要性状：田林宜昌橙春梢长 11.3 cm，粗 0.14 cm；具尖刺，刺长 1.3 cm，粗 0.06 cm。叶片阔披针形，叶缘浅波状，先端尾状渐尖，基部阔楔形，凹口无，春梢叶片长 5.7 cm，宽 1.7 cm；叶柄短，长 0.4 cm，宽 0.06 cm；翼叶倒卵形，长 3.5 cm，宽 1.3 cm。花白色，花瓣 5 ～ 6 瓣（图 1-28）。

图 1–28　百色市田林县野生宜昌橙开花状

2. 大种橙（*Cirus macrosperma* T.C.Guo et Y.M.Ye）

来源与分布：国家二级重点保护野生植物。原产广西百色市田林县马略沟。该资源从西南大学柑桔研究所引进，种植于广西柑橘种质资源圃（桂林）。

主要性状：大种橙分枝多，小枝绿色，有棱，多刺，幼嫩时密被短柔毛，老熟时无毛（图 1–29）。大种橙幼枝、叶柄、子房和花柱均被柔毛。叶厚革质，卵圆形或椭圆形，先端尾状渐尖，基部广楔形或圆形；翼叶倒卵形，几与叶身等长或略小于本叶，最初疏被短柔毛，后近于无毛（图 1–30）。花小，常 1 ～ 2 朵，白色或淡黄色，花瓣薄且狭，花瓣 5 ～ 6 瓣（图 1–31、图 1–32），花梗长；花萼 5 裂，裂片三角形。果实卵圆形或倒卵形，果皮极薄，柠檬黄色，具光泽，油胞小而密，平生或微凸。种子特大，每果 3 ～ 10 粒，近球形或卵圆形。

图 1-29　大种橙植株

图 1-30　大种橙叶片

图 1-31　大种橙开花状 -1

图 1-32　大种橙开花状 -2

二、枸橼类

白檬檬

来源与分布：白檬檬属芸香科，柑橘属，枸橼类，又名土柠檬、白柠檬、黎朦子、檬母子、宜母子等。白檬檬为广西西南部的地方品种，距今至少有800余年的栽培历史。主要分布在宁明、河池、宜山、都安、环江、南丹、玉林、桂平、横县等地。

2017年4月，广西特色作物研究院柑橘品种资源团队在广西横县（现横州市）镇龙乡上马兰村沙垌山，海拔147 m处调查发现白檬檬野生植株5株，株高2～3 m，枝梢平均长36.9 cm；刺多，刺长2.8 cm；叶长椭圆形，长8.3 cm，宽3.7 cm；叶缘浅锯齿，先端渐尖，凹口不明显，叶基楔形；叶柄长0.9 cm，翼叶线形（图1–33至图1–36）。广西特色作物研究院对白檬檬野生植株进行了引种观察和异地保存，种植于广西柑橘种质资源圃（桂林）。

图1–33　横县野生白檬檬植株生长环境

图 1-34　横县野生白檬檬植株

图 1-35　横县野生白檬檬枝梢

图 1-36　横县野生白檬檬叶片

主要性状：常绿灌木状小乔木，树冠呈不规则圆头形或半圆头形，树姿开张；枝条较零乱、细长；刺多，刺长 0.7 ～ 4.4 cm；春梢长 4.1 ～ 26.2 cm（图 1–37、图 1–38）。嫩叶、嫩枝和花均为淡紫红色（图 1–39）。叶狭椭圆形，较小，叶色淡绿；春梢叶片长 7.2 ～ 9.5 cm，宽 2.7 ～ 4.6 cm，叶柄长 0.7 ～ 1.2 cm，叶形指数 2.1 ～ 2.6；翼叶线形或不明显；叶缘上中部钝锯齿明显、基部不明显；先端钝尖或渐尖，无凹口或凹口不明显；叶基广楔形或楔形。一年开花一次，花单生或短总状花序；花蕾紫红或淡紫红色；花蕾长 1.6 ～ 2 cm，直径 0.6 ～ 0.7 cm；花中等大，开张径 3.2 ～ 4.4 cm；花瓣 5 瓣，偶有 6 瓣；花瓣椭圆形至长舌形，背面淡紫红色，盛开后微反卷；雄蕊 21 ～ 25 枚，花丝基部联合；花柱直立，柱头与子房近于等大；花萼 5 裂，裂片淡绿色或略带紫红色（图 1–40）。果实较小，圆球形或亚球形，果皮光滑、浅柠檬黄或浅橙黄色；纵径 4.2 ～ 4.6 cm，横径 4.1 ～ 4.8 cm，果形指数 0.96 ～ 1.02；果皮厚 0.1 ～ 0.2 cm，包着较紧实，不易剥离；油胞大，明显，凹入或平生；果肉橙黄色，柔软，汁多，极酸；囊瓣 6 ～ 10 瓣，中心柱空（图 1–41 至图 1–43）；单果重 48.7 ～ 50.8 g，可食率 67.9% ～ 80.7%，每 100 mL 果汁中含维生素 C 15.0 ～ 15.4 mg、可滴定酸 5.4 ～ 6.0 g，可溶性固形物 8.0% ～ 8.6%，固酸比 1.4 ～ 1.5。种子中等大、饱满，倒卵形或纺锤形，每果种子 3 ～ 8 粒，种子大小（7.9 ～ 9.9）mm ×（2.9 ～ 3.7）mm ×（1.9 ～ 3.1）mm，子叶绿色，多胚（图 1–44）。果实于 10 月上中旬开始着色，11 月下旬成熟。

图 1–37　白檬檬结果树 –1

图 1–38　白檬檬结果树 –2

图 1–39　白檬檬嫩梢花蕾

图 1–40　白檬檬花

图 1–41　白檬檬结果状 –1

图 1–42　白檬檬结果状 –2

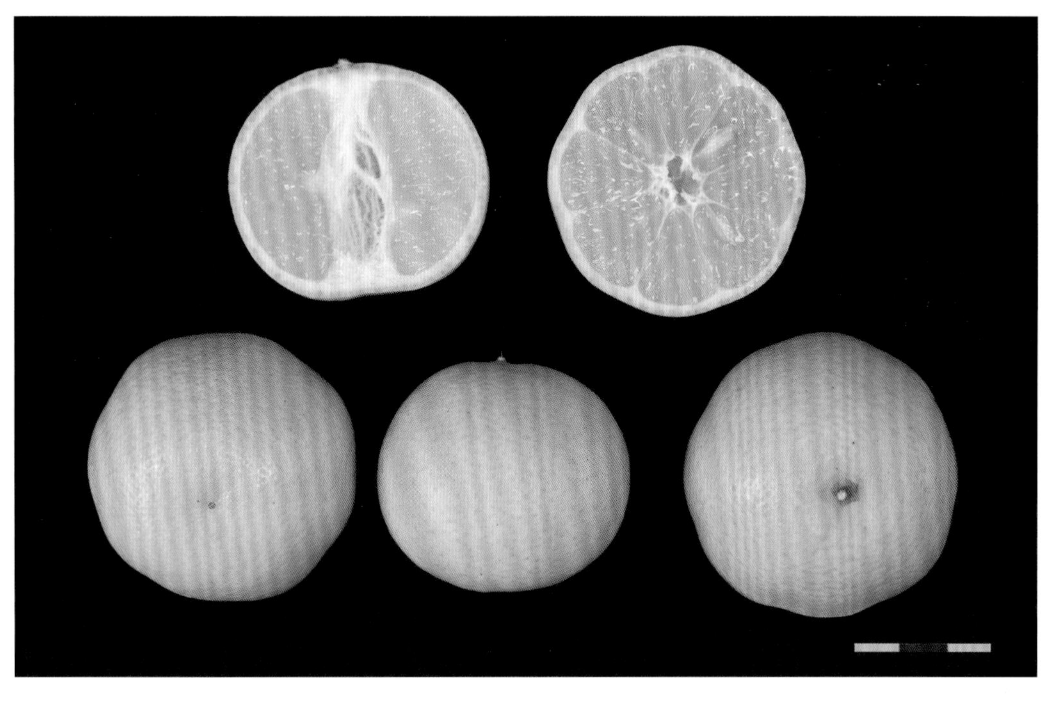

图 1–43　白檬檬果实

图 1–44　白檬檬种子

三、宽皮柑橘类

1. 姑婆山臭柑（*Citrus mangshanenis* S.W. He et G.F.Liu）

来源与分布：姑婆山臭柑，别名皱皮柑。国家二级重点保护野生植物。在广西境内南岭山脉的萌渚岭姑婆山有自然野生植株分布，海拔高度为 617（马古槽）～ 976 m（姑婆心）。1963 年，中国农业科学院柑桔研究所曾勉所长来广西进行柑橘考察时在贺州姑婆山发现；1978 年，石健泉在广西柑橘资源调查中，在姑婆山马古槽搜集到野生臭柑；2012 年，邓崇岭团队在向南冲及姑婆心海拔 864 ～ 976 m 处发现有新的野生臭柑群落，发现大小臭柑近 20 株（图 1–45 至图 1–51），2022 年在向南冲发现野生臭柑。目前，广西特色作物研究院对姑婆山皱皮柑进行引种和异地保存，种植于广西柑橘种质资源圃（桂林）。

图 1–45　广西特色作物研究院姑婆山野生柑橘资源考察队 –1

图 1–46　广西特色作物研究院姑婆山野生柑橘资源考察队 –2

图 1–47　姑婆山臭柑 1 号株植株

图 1–48　姑婆山臭柑 5 号株植株

图 1–49　姑婆山臭柑 6 号株植株

图 1–50　姑婆山臭柑幼树 –1

图 1–51　姑婆山臭柑幼树 –2

主要性状：常绿灌木或小乔木，树冠呈不规则圆头形，树势中等，半开张；枝梢短细，具短刺。叶片小，卵圆形或椭圆形，先端渐尖，叶缘锯齿明显，叶片长 6.1 cm、宽 2.9 cm，叶柄长 1.2 cm；叶背灰白色，叶面淡绿色，叶质较厚。花白色，单花；水平花径 0.9 cm，花瓣 5 瓣，开后向外反卷呈筒状；花丝分离，雄蕊 18 ～ 21 枚（图 1–52）。果实扁圆形不甚整齐，平均横径 8.4 cm，纵径 6.9 cm，果形指数 0.82，平均单果重 279.0 g。果皮橙黄色，粗糙，有 9 ～ 21 条明显沟纹，沟间隆起直达基部，表面广布瘤状突起，油胞突起，凹点大而深，满布果面（图 1–53）；皮厚 0.8 cm，包着紧，尚可剥皮，果皮脆有药气味。果肉浅橙黄色，囊瓣 9 ～ 12 瓣，中心柱 2.4 cm，开裂呈星芒状；汁胞短呈颗粒状，柔软，有胶黏物。种子多，平均每果种子 93 粒，倒卵形，有嘴状突起，单胚，子叶白色。果实成熟期 11 月下旬至 12 月上旬。

通过对原生境植株和嫁接后代植株的果实形状及树姿性状的观察，发现姑婆山臭柑有 3 个类型。类型 1：果面粗糙，有明显沟纹，沟间隆起，表面有瘤状起，油胞突起（图 1–54），叶片小，树姿直立（图 1–55、图 1–56），如 1 号株、2 号株和 5 号株；类型 2：果面粗糙，有明显沟纹，沟间隆起，表面有瘤状起，油胞突起（图 1–57），叶大，树姿披垂，枝条呈下垂生长状态（图 1–58、图 1–59），如 6 号株，两个类型树形差别很大，极易区别；类型 3：果面较粗糙，有浅沟纹，表面没有瘤状起，油胞平（图 1–60、图 1–61），如向南冲原生境植株。

图 1–52　姑婆山臭柑花

图 1–53　姑婆山臭柑 5 号株果实

图 1–54　姑婆山臭柑 5 号株果实

图 1-55　姑婆山臭柑 5 号株成年植株

图 1-56　姑婆山臭柑 5 号株幼年植株

图 1-57　姑婆山臭柑 6 号株果实

图 1–58　姑婆山臭柑 6 号株成年植株

图 1–59　姑婆山臭柑 6 号株幼年植株

图 1-60　姑婆山臭柑类型 3- 果实（刘演提供）

图 1-61　姑婆山臭柑类型 3- 果实

2号株：生长在马古槽，海拔617 m，树龄40～50年，主干周径35.0 cm，树高7.5 m（图1-62），在密林顶部见光部分的树冠开花着果。

图1-62　姑婆山臭柑2号树植株

7号株：在姑婆心（位于姑婆山的中心地带）海拔864～976 m范围内新发现近20株大小不一的臭柑。其中，7号树生长在海拔976 m、坡度为70°左右的石山陡坡上，河谷幽深，植被茂密，山下方是大山冲，流水不断，周围较荫蔽，环境湿润。经实测，树高8.0 m，冠幅2 m×1 m，干周37.0 cm，树龄30～40年（图1-63、图1-64）。小乔木，树势中等，半开张，枝梢短细，平均枝长4.4 cm，粗0.14 cm，有短小刺，长0.42 cm，粗0.05 cm。叶片淡绿色，椭圆形，先端急尖，叶缘波状浅锯齿，叶片长5.5 cm、宽2.3 cm，叶柄长0.27 cm、宽0.1 cm；翼叶披针形，长0.74 cm，宽0.16 cm。叶背灰白色，叶面淡绿色，叶质较厚。

图1-63　姑婆山臭柑7号株植株-1

图1-64　姑婆山臭柑7号株植株-2

2. 姑婆山野橘

来源与分布：姑婆山野橘，别名元橘、野柑子、酸柑子，国家二级重点保护野生植物。在广西境内南岭山脉的萌渚岭姑婆山有自然野生植株分布，海拔高度为 553（凤家冲）～ 603 m（姑婆肚）。1963 年，中国农业科学院柑桔研究所曾勉所长到广西进行柑橘考察时在贺州姑婆山发现；1978 年，石健泉在泗渡水搜集到野生姑婆山野橘；1984 年，石健泉又在姑婆山凤家冲处发现有近百年古老残株，在结果树附近有大小幼树 35 株；2012 年，邓崇岭团队在姑婆山的姑婆肚海拔 603 m 处发现新的野生的姑婆山野橘群落分布（图 1–65 至图 1–68）。目前，广西特色作物研究院对姑婆山野橘进行引种和异地保存，种植于广西柑橘种质资源圃（桂林）。

图 1–65　广西特色作物研究院姑婆山野生柑橘资源考察队 –1

图 1–66　广西特色作物研究院姑婆山野生柑橘资源考察队 –2

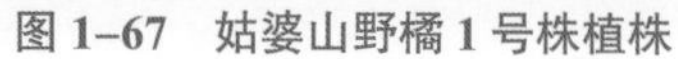
图 1–67 姑婆山野橘 1 号株植株

图 1–68 姑婆山野橘 2 号株植株

主要性状：乔木，树势中等，树冠半圆形，披垂，极易与其他宽皮柑橘树区别，枝梢细长，呈下垂生长状态，春梢平均长 6.3 cm，粗 0.2 cm，无刺。叶片长椭圆形，先端渐尖，叶缘波状浅锯齿，叶尖无凹口，叶片长 6.70 cm、宽 3.04 cm，叶柄长 0.68 cm、宽 0.10 cm，翼叶线形。花径 17 mm，花丝分离，雄蕊 16 ～ 17 枚。果实扁圆形，横径 3.9 cm，纵径 2.9 cm，果形指数 0.75，单果重 27.6 g；果皮橙黄色，较粗糙，厚 2.9 mm；囊瓢 10 ～ 12 瓣（图 1–69 至图 1–71）。果实可食率 57.5%，出汁率 36.9%，每 100 mL 果汁中含全糖 8.9 g、可滴定酸 3.32 g、维生素 C 33.58 mg，可溶性固形物 13%，糖酸比 2.6∶1，味极酸。种子倒卵圆形，子叶绿色；平均每果种子 8.4 粒。

图 1–69 姑婆山野橘 1 号株叶及果实

图 1-70　姑婆山野橘 1 号株果实 -1

图 1-71　姑婆山野橘 1 号株果实 -2

3. 兴安野橘（*Citrus daoxianensis* S.W.He et G.F.Liu）

来源与分布：兴安野橘，别名猫儿山野橘，国家二级重点保护野生植物。2013 年 12 月，广西特色作物研究院柑橘品种资源团队首次在广西境内南岭山脉的越城岭主峰猫儿山发现野生宽皮柑橘种类，也是首次在越城岭山脉区域发现野生宽皮柑橘，位于广西壮族自治区桂林市兴安县华江瑶族乡境内，海拔高度为 388 m。2013—2016 年，广西特色作物研究院柑橘品种资源团队多次对兴安野橘进行详细调研和取样（图 1–72、图 1–73）。目前，广西特色作物研究院对兴安野橘进行引种和异地保存，种植于广西柑橘种质资源圃（桂林）。

图 1–72　兴安野橘植株 –1

主要性状：乔木，树势中等，树冠半圆形，树姿直立，枝梢细密，有刺。叶片长椭圆形，顶部渐尖，基部楔形，春梢叶片长 5.4 cm，宽 2.4 cm；翼叶线形（图 1–74）。果实扁圆形，纵径 3.6 cm，横径 4.6 cm，平均单果重 46.2 g；果皮黄色，粗糙，油胞大，明显凸起，果肉橙黄色（图 1–75、图 1–76）。平均种子数 9.8 粒，种子近球形。

图 1–73　兴安野橘植株 –2

图 1–74　兴安野橘叶

图 1–75　兴安野橘果实 –1

图 1–76　兴安野橘果实 –2

4. 资源野橘（*Citrus daoxianensis* S.W.He et G.F.Liu）

来源与分布：国家二级重点保护野生植物。首次在广西资源县梅溪镇的八角寨（又名云台山）发现野生宽皮柑橘种类，该地位于广西境内南岭山脉的越城岭腹地区域的西北侧余脉，海拔高度为 479.6 m。2021 年 12 月，广西特色作物研究院柑橘品种资源团队对资源野橘进行详细调研和取样（图 1–77）。目前，广西特色作物研究院对资源野橘进行引种和异地保存，种植于广西柑橘种质资源圃（桂林）。

主要性状：乔木，树势中等，树冠半圆形，枝梢细长，有刺（图 1–78、图 1–79）。叶片长椭圆形，叶缘全缘，先端渐尖，叶尖有凹口，翼叶线形（图 1–80）。果实扁圆形，横径 4.06 ～ 5.73 cm，纵径 3.50 ～ 4.50 cm，果形指数平均为 0.83；果皮橙黄色，光滑度中等，厚度 0.42 ～ 0.66 cm；囊瓣数 9 ～ 11 瓣，果心大小 0.36 ～ 0.86 cm，种子数平均为 19.70 粒（图 1–81 至图 1–83）。果汁率 74.31 %，可食率 41.91 %，每 100 mL 果汁中平均含维生素 C 50.00 g、可滴定酸 4.70 g、全糖 3.69 g，可溶性固形物 12.50%，固酸比平均 2.66∶1，味苦酸，不化渣。树龄 50 ～ 60 年，树高 5.90 m，冠幅 5.50 m×3.30 m，干周 76 cm。

图 1–77　广西特色作物研究院资源野橘考察队

图 1–78　资源野橘植株

图 1–79　资源野橘刺

图 1–80　资源野橘叶片

图 1–81　资源野橘结果状 –1

图 1–82　资源野橘结果状 –2

图 1-83　资源野橘果实

5. 恭城野橘（*Citrus daoxianensis* S.W.He et G.F.Liu）

来源与分布：国家二级重点保护野生植物。2023 年 2 月，广西特色作物研究院柑橘品种资源团队首次在广西境内海洋山脉南段恭城瑶族自治县西岭镇狗拨界发现野生宽皮柑橘种类（图 1-84），海拔高度为 408 m。目前，广西特色作物研究院对恭城野橘进行引种和异地保存，种植于广西柑橘种质资源圃（桂林）。

图 1-84　恭城野橘考察队

主要性状：乔木，树冠半圆形，树姿直立，生长势中等，无刺（图 1–85 至图 1–87）。叶片长椭圆形，先端渐尖，基部狭楔形，春梢叶片长 7.11 cm，宽 2.53 cm，叶柄 0.64 cm；翼叶线形（图 1–88、图 1–89）。果实扁圆形，纵径 2.3 cm，横径 3.1 cm（图 1–90）；果皮黄色，粗糙，油胞大，果肉橙黄色，平均种子数 5.6 粒，种子近球形。树龄 40 ～ 50 年，树高 6.21 m，干周 51.50 cm，冠幅 4.84 m×3.64 m。

图 1–85　恭城野橘 1 号株植株

图 1–86　恭城野橘 1 号株树干

图 1–87　恭城野橘 2 号株植株

图 1-88　恭城野橘叶 -1

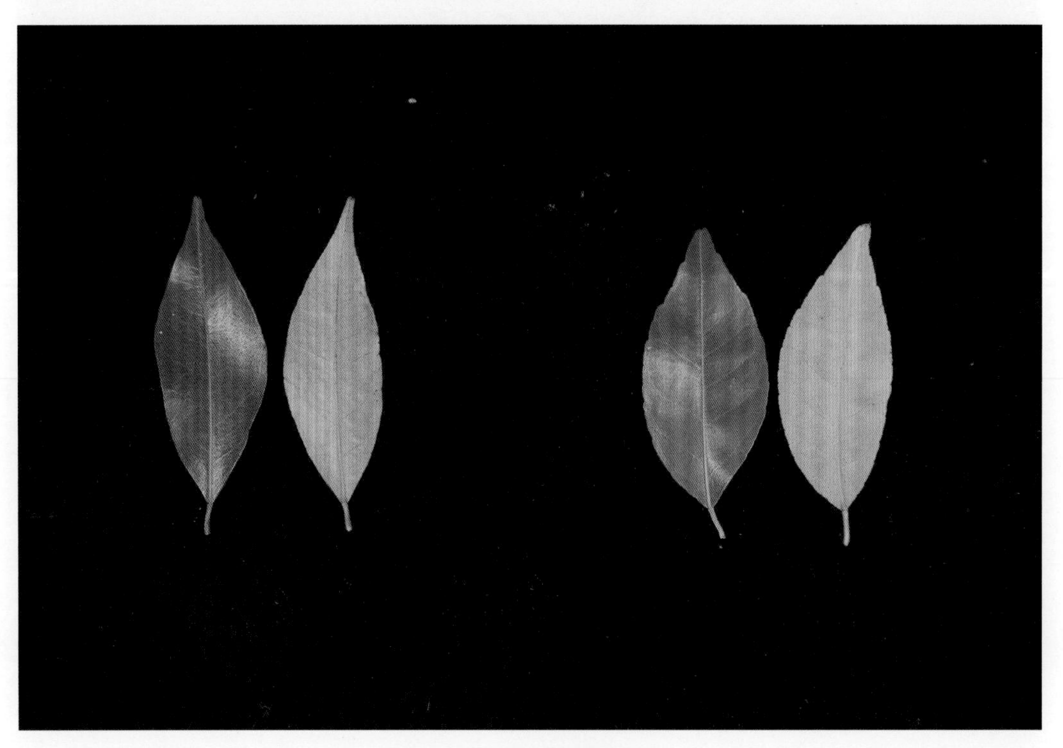

图 1-89　恭城野橘叶 -2

图 1-90 恭城野橘果实

6. 灌阳野橘（*Citrus daoxianensis* S.W.He et G.F.Liu）

来源与分布：国家二级重点保护野生植物。2023 年 2 月，广西特色作物研究院柑橘品种资源团队首次在广西境内都庞岭灌阳县千家洞自然保护区发现野生宽皮柑橘种类（图 1-91），海拔高度为 327m。目前，广西特色作物研究院对灌阳野橘进行引种和异地保存，种植于广西柑橘种质资源圃（桂林）。

主要性状：乔木，树冠半圆形，树姿直立，生长势中等，幼年树有刺（图 1-92 至图 1-95）。叶片长椭圆形，先端渐尖，基部楔形，春梢叶片长 8.36 cm，宽 3.96 cm，叶柄 0.92 cm；翼叶线形（图 1-96）。果实扁圆形，纵径 2.5 cm，横径 2.9 cm；果皮黄色，粗糙，油胞大，果肉橙黄色（图 1-97）。平均种子数 3.2 粒，种子近球形。1 号株：树龄 80 ～ 100 年，树高 7.32 m，干周 101.2 cm，冠幅 9.55 m×9.96 m。

图 1-91 灌阳野橘考察队

图 1–92　灌阳野橘 1 号株

图 1–93　灌阳野橘 1 号株树干

图 1–94　灌阳野橘 2 号株

图 1–95　灌阳野橘幼树

图 1–96　灌阳野橘叶

图 1–97　灌阳野橘果实

7. 贺州野橘（*Citrus daoxianensis* S.W.He et G.F.Liu）

来源与分布：国家二级重点保护野生植物，主要分布在广西壮族自治区贺州市，引自国家果树种质重庆柑橘圃，种植于广西柑橘种质资源圃（桂林）。

主要性状：乔木，树势中等，树冠扁圆形（图 1–98）。树高 2.49 m，干周 19.0 cm，冠幅 2.90 m×1.60 m。春梢长 20.44 cm，粗 2.76 mm；叶片菱状椭圆形，顶部渐尖，基部楔形（图 1–100），叶片长 7.87 cm，宽 4.01 cm，厚 0.21 mm；翼叶线形，长 0.85 cm，宽 0.21 cm；叶形指数 1.97。花着生状态为丛生，腋顶兼生，花瓣白色，花粉量中等，花丝部分联合，花柱直立（图 1–99、图 1–100），花瓣长 0.89 cm，宽 0.39 cm，开张度 1.74 cm；果实扁圆形（图 1–101）。

图 1–98　贺州野橘植株

图 1–99　贺州野橘花蕾

图 1–100　贺州野橘花

图 1–101　贺州野橘果实

图 1–102　贺州野橘结果状 –1

图 1–103　贺州野橘结果状 –2

第二节　金柑属

一、东兴山金柑

来源与分布：东兴山金柑，又名桂野生山金柑。2013 年，广西农业科学院园艺研究所柑橘团队在广西壮族自治区东兴市马路镇平丰村罗华山发现若干株山金柑资源，其中 1 株树龄 50 年以上，2015 年通过广西壮族自治区种子管理局的品种登记认证，命名为‘桂野生山金柑’［桂登（果）2015021 号］。

主要性状：树冠圆头形，树势稍弱。主干灰褐色，枝条紧凑，分支角度较小，少量刺，叶片绿色，长椭圆形，先端渐尖，叶缘平滑，无波浪状起伏，春梢叶片平均长

6.3 cm，平均宽 1.9 cm，平均厚 0.032 cm，翼叶狭窄，平均长 1.03 cm，有明显蜡质层，质地较脆（图 1–104）。一年开花 4 ～ 5 次，花小，白色，单生或簇生，为完全花，萼片 5 片，近花萼处微带紫色，花瓣 5 瓣，舌状，斜生，花瓣瓣尖微向外弯曲，花瓣长 0.5 ～ 0.9 cm，宽 0.3 ～ 0.5 cm，雄蕊平均 14 枚，花丝大部分 3 丝粘连，平均长度 0.55 cm，花柱直立，长约 0.5 cm。果实圆形，黄色，平均单果质量 4.5 g，汁胞较小，囊瓣数 3 ～ 5 瓣。果实横径 2.03 cm，果实纵径 1.98 cm，果形指数 0.98，平均果皮厚 0.1 cm，果心大小 0.27 cm（图 1–105），可食率 87.1%，可溶性固形物含量 10.6%，每 100 mL 果汁中含可滴定酸 4.5 g 、维生素 C 37.4 mg，固酸比为 2.4。种子 1 ～ 7 粒，卵形，深绿色，单胚（图 1–106）。果实 11 月上中旬成熟，味酸，化渣。

图 1–104　东兴山金柑结果枝（李果果提供）

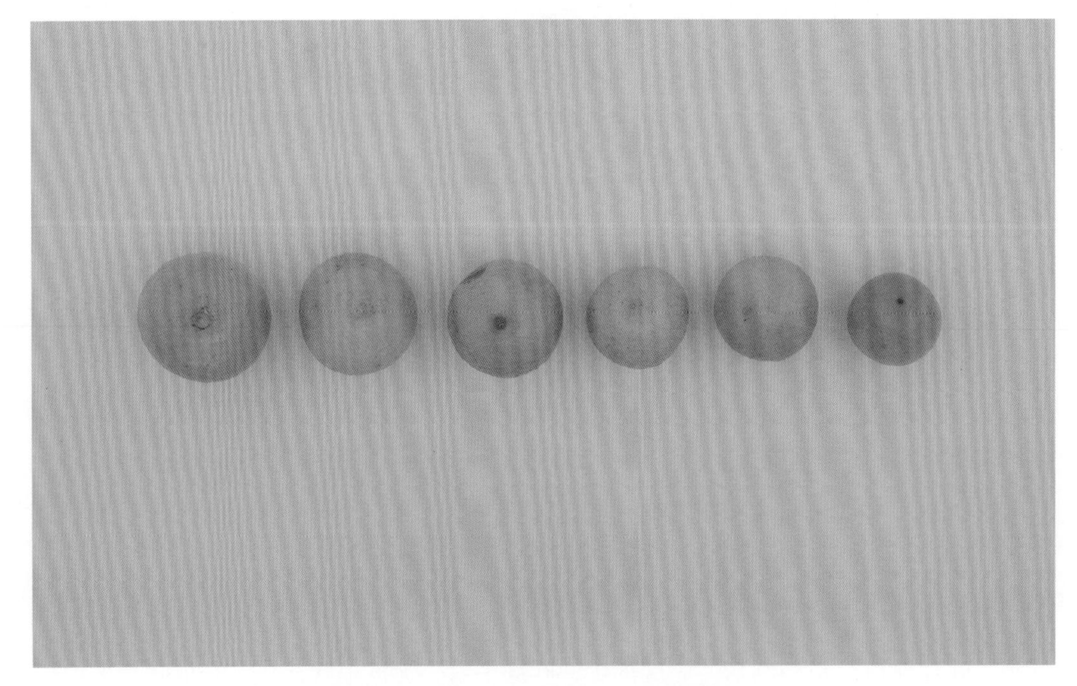

图 1–105　东兴山金柑果实（李果果提供）

图 1-106　东兴山金柑果实与种子（李果果提供）

第二章

广西特色柑橘种质资源

第一节　柑橘属

一、柚类

1. 沙田柚

来源与分布：沙田柚别名羊额柚（广西）、斋婆柚（江西）、甜柚（云南）、蜜柚、金柚（广东梅州）、香柚（湖南江永）。原产于广西容县松山镇沙田村，是我国柚类中最为知名的品种，有“柚中之王”的美誉，是全国地理标志产品、广西壮族自治区最具代表性的果品。广西的容县、阳朔、平乐、恭城、昭平、融水等地为主产区，其他各县广为栽培。广东、湖南、江西、四川、重庆、浙江等地也多有商品栽培。据明万历十三年（公元 1585 年）《容州志》刻本记载：“柚以容地沙田乡所产最负盛名，香甜多汁；容地年产二百万只，运销梧粤港各埠。”清乾隆三十三年（公元 1768 年）《容县志》记载：“容地所产，叶类橙，春花秋熟，实大如瓠，皮黄上尖，下有圆脐；肉白，味甜如蜜，曰蜜柚；顶高似羊额，以辛里沙田所产为最”。清光绪十年（公元 1884 年）《平南县志》记载：“（柚子）瓤有红白二种。白者多甜，俗呼蜜柚，近有容县沙田柚更佳。”清光绪二十三年（公元 1897 年）《容县志》记载：“柚，《吕氏春秋》‘果之美者，云梦之柚’。容地所产，叶类橙，春花秋熟，实大如瓠，皮黄上尖，下有圆脐；肉白，味甜如蜜，曰蜜柚；顶高似羊额，又名羊额囊，以辛里沙田所产为最。近年，四乡皆植，秋后金丸满树，获利颇厚。邻邑接枝分种，其味中变，有枳棘逾淮之叹”。据广西大学农学院讲师熊襄龙等在 1933 年《广西大学周刊》发表的《容北郁兴贵各县柑橘等果业调查记》中记载："沙田柚之来历，在前清道光年间，由夏九婆之祖母自其外家容县波里白坟村韩姓处得柚苗二株，归来而植之，因其土质气候特别适宜，故结果较原处尤佳，考白坟村韩姓柚种之来历，系于乾、嘉年间，韩某官仕浙江，带回该省柚核，用实生法繁殖数株，所结之果实甚甘美，夏九婆之祖母遂索取二株归而植诸屋边，成绩更佳，因年龄过老，在咸丰年间死去，然由原二株繁殖留下者计数十株，今独存者只得二株，树龄亦近五六十年矣。至于附近沙田各乡之柚种，大体均由此处繁殖焉"。据柳州农场技士宋本荣考证记载："沙田柚原产广西容县沙田乡皇龙村育兰堂，堂主夏明玉氏，据其祖母云，前清乾隆五十五年（公元 1790 年），夏姓祖先之戚韩某，为今岑溪白坟村人，在浙江为官携回柚树种苗在家栽培，夏姓向其乞得二株携回栽植，以地土适宜生育甚好，每年壅塘坭四次，按东西南北四方，分春夏秋冬四季施放，彼时所结之果硕大，果身高六七寸，直径五六寸，重三斤许，肉嫩多浆味甜有蜜味，因之得享盛名"。《容州夏氏族谱》记载："夏族十五世夏纪纲生前有浙江解元秦巍为友，任浙江省要职，荐纪纲为宁波府尹，秦赠果树两株携乡种植，因秦是杨核村人，故称杨核子，于乾隆卅六年（公元 1711 年）献果州官、四十二年（公元 1777 年）献果乾（隆）帝，帝视为佳果，询之来由，因路邮遥远，故以邮（原文注：代柚），赐名沙田柚。沙田柚自此始焉"。上述地方志及文献记载表明，沙田柚原产于广西容县松山镇沙田村，距今至少有 400 年以上的栽培历史。

主要性状：植株高大，树势健壮，树冠圆头形或伞形，树姿开张，以内膛结果为主；春梢长 14.6 ～ 38.9 cm，粗 0.4 ～ 0.8 cm；枝梢粗壮，少针刺，嫩梢有茸毛（图 2–1）；单生复叶，叶色深绿，叶片较厚，长椭圆形或卵状椭圆形，先端钝尖，基部楔形；叶缘波浪形，锯齿较浅；春梢叶片长 9.6 ～ 14.1 cm，宽 5.6 ～ 7.7 cm；翼叶发达，倒卵形或心脏形，翼叶长 1.3 ～ 3.4 cm，宽 1.0 ～ 2.5 cm。花大，完全花，总状花序或单生；自花授粉结实率低，需配置酸柚等作授粉树，或进行人工授粉。花瓣舌形，4 ～ 5 瓣；花瓣长 2.1 ～ 3.2 cm，宽 0.9 ～ 1.5 cm；花开张径 3.8 ～ 5.5 cm，花丝半分离，雄蕊 30 ～ 39 枚（图 2–2）。果大，梨形或葫芦形，果皮橙黄色，油胞较大，凸出；纵径 16.4 ～ 18.0 cm，横径 13.5 ～ 15.4 cm，果形指数 1.17 ～ 1.21；果皮厚 1.5 ～ 2.0 cm，海绵层白色，柔软，包着紧，不易剥离；囊瓣 12 ～ 14 瓣；果顶部平或微凹，常有古铜钱大的环状印圈，内有放射沟纹，俗称"金钱底"；果蒂有长颈和短颈两种，以短颈品质较好（图 2–3 至图 2–6）。单果重 1 000 ～ 1 500 g，可食率 45.4% ～ 55.0%，每 100 mL 果汁中含维生素 C 79.6 ～ 127.3 mg、可滴定酸 0.38 ～ 0.46 g、全糖 9.9 ～ 14.5 g，可溶性固形物 11.6% ～ 16.0%，固酸比 30.5 ～ 34.8。每果种子 60 ～ 150 粒，种子楔形，子叶乳白色，单胚。果实于 10 月下旬至 11 月上旬成熟，耐贮藏，果肉脆嫩清甜，品质上等。

图 2–1　沙田柚枝梢

图 2–2　沙田柚花

图 2-3　沙田柚果实

图 2-4　沙田柚结果状 -1

图 2–5　沙田柚结果状 –2

图 2–6　国内外专家考察沙田柚

（1）容县沙田柚古树（图 2-7 至图 2-16）

图 2-7　容县沙田柚古树 -1

图 2-8　容县沙田柚古树 -2

图 2-9　容县沙田柚古树 -3

图 2-10　容县沙田柚古树 -4

图 2-11　容县沙田柚古树 -5

图 2-12　容县沙田柚古树 -6

图 2-13　容县沙田柚古树 -7

图 2-14　容县沙田柚古树 -8

图 2-15　容县沙田柚古树 -9

图 2-16　容县沙田柚古树 -10

（2）桂林阳朔县沙田柚古树（图 2-17 至图 2-39）

图 2-17　阳朔沙田柚百年古树 -1

图 2-18　阳朔沙田柚百年古树 -2

图 2-19　阳朔沙田柚百年古树 -3

图 2–20　阳朔沙田柚百年古树 –4

图 2–21　阳朔沙田柚古树 –1

图 2-22　阳朔沙田柚古树 -2

图 2-23　阳朔沙田柚古树 -3

图 2–24　阳朔沙田柚古树 –4

图 2–25　阳朔沙田柚古树 –5

图 2–26　阳朔沙田柚古树 –6

图 2–27　阳朔沙田柚古树 –7

图 2–28　阳朔沙田柚古树 –8

图 2–29　阳朔沙田柚古树 –9

图 2-30　阳朔沙田柚古树 -10

图 2-31　阳朔沙田柚古树 -11

图 2–32　阳朔沙田柚古树 –12

图 2–33　阳朔沙田柚古树 –13

图 2–34　阳朔沙田柚古树 –14

图 2–35　阳朔沙田柚古树 –15

图 2–36　阳朔沙田柚古树 –16

图 2–37　阳朔沙田柚古树 –17

图 2–38　阳朔沙田柚古树 –18

图 2-39　阳朔沙田柚古树现场考察

（3）柳州三江沙田柚古树（图 2-40 至图 2-42）

图 2-40　三江沙田柚古树 -1

图 2–41　三江沙田柚古树 –2

图 2–42　三江沙田柚古树现场考察

2. 桂柚 1 号

来源与分布： 桂柚 1 号是沙田柚的优良变异品种，由广西特色作物研究院与阳朔县科技局共同选育，2010 年 5 月，通过了广西农作物品种审定委员会的品种审定（审定编号：桂审果 2010002 号），主产区域为广西容县、阳朔、平乐等县，广东梅州市、湖南江永县等地有种植。

主要性状： 树势强，树冠较开张，萌芽率高，成枝力强（图 2–43）。果实梨形，果皮黄色，油胞大、明显，果顶微凹、印圈明显（图 2–44、图 2–45），平均单果重 962.77 ～ 1 150.31 g，纵径 13.5 ～ 19.1 cm，横径 13.1 ～ 17.0 cm，果型指数 1.06 ～ 1.20，果皮厚 1.61 ～ 2.10 cm，囊瓣 12 ～ 15 瓣（图 2–46），种子 91.3 ～ 155.7 粒，可食率 40.63% ～ 47.89 %，每 100 mL 果汁含维生素 C 72.48 ～ 109.61 mg、可滴定酸 0.21 ～ 0.39 g、全糖 8.06 ～ 11.05 g，可溶性固形物 10.4% ～ 20.0%，固酸比 49.52 ～ 54.41。风味甜、化渣，品质优良，耐贮性强。在桂林，4 月初至 4 月中旬开花（图 2–47），花期 5 ～ 12 d。结果母枝以春梢为主。自花结实，自然自花坐果率 1.71% ～ 9.70%，丰产稳产，在广西成熟期 10 月下旬至 11 月上中旬，适合在沙田柚种植区推广。

图 2–43　桂柚 1 号幼龄树结果状（区善汉提供）

图 2–44　桂柚 1 号结果状（区善汉提供）

图 2–45　桂柚 1 号内膛结果状（区善汉提供）

图 2-46　桂柚 1 号果实（区善汉提供）

图 2-47　桂柚 1 号花（区善汉提供）

3. 砧板柚

来源与分布：原产广西容县，因其果形扁圆似砧板，故称“砧板柚”。容县、融安等地有栽培。

主要性状：植株高大，树势健壮，树冠圆头形，树姿开张，叶片椭圆形（图2–48、图2–49）；春梢叶片长11.3 cm，宽6.1 cm；翼叶长3.0 cm，宽1.7 cm。完全花，总状花序或单生；花开张径5.2 cm；花丝分离，雄蕊36枚（图2–50）。果大，扁圆形，果皮橙黄色，果顶部平或微凹（图2–51至图2–53）；纵径14.2～17.1 cm，横径18.1～21.5 cm，果形指数0.78～0.80；果皮厚2～3 cm，海绵层及汁胞粉红色（图2–54）；囊瓣15瓣，囊壁厚。单果重2 000～2 500 g，重者可达4 000 g，可食率54.0 %，每100 mL果汁中含维生素C 54.2 mg、可滴定酸0.95 g，可溶性固形物12.0%，固酸比12.6。每果种子70～104粒，种子楔形，子叶乳白色，单胚。果实成熟期10月中旬，不耐贮藏，果肉脆嫩化渣，多汁，味酸甜，品质中等。适应性强，早结、丰产，可作沙田柚的授粉树。

图2–48　砧板柚结果树–1

图 2–49　砧板柚结果树 –2（牛英提供）

图 2–50　砧板柚花（牛英提供）

图 2–51　砧板柚结果状 –1

图 2–52　砧板柚结果状 –2

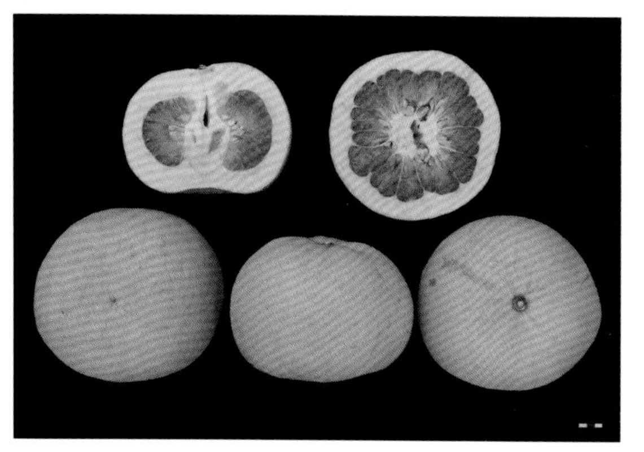

图 2–53　砧板柚果实 –1　　图 2–54　砧板柚果实 –2

4. 酸柚

来源与分布：柚，又名文旦、栾、抛，古称櫾、橃等，原产中国南方，是中国古老的柑橘种类之一。《尚书·禹贡》（公元前 3 世纪）记载：扬州“厥包橘柚锡贡”，《吕氏春秋》（公元前 3 世纪）记载：“果之美者，江浦之橘，云梦之柚”。广西的柚有着悠久的栽培历史，分布广。唐代陈藏器的《本草拾遗》（公元 739 年）记载：“岭南有柚，大如冬瓜”；唐代诗人柳宗元（公元 773—819 年）写有一首《南中荣橘柚》五言古诗，南宋范成大的《桂海虞衡志》（公元 1175 年）记载：“柚子，南州名臭柚。大如瓜，人亦食之。皮甚厚，打碑者卷皮蘸墨以代毡刷，宜墨而不损纸，极便于用，此法可传。但北州无许大柚耳。”南宋周去非的《岭外代答》（公元 1178 年）记载：“柚，南州名臭柚，大如瓜，人亦食之。皮甚厚，穰极小。打碑者，卷皮蘸墨以代毡刷，宜墨而不损纸，颇便于用也。赤柚子，如橄榄，皮青而肉赤。春实。”明嘉靖十年（公元 1531 年）黄佐撰《广西通志》记载：“果属……柑，橙，柚，桔……。”《南宁府志》卷之二嘉靖四十三年（公元 1564 年）田赋志果篇记载：“……柚子：红、白两种，一名柑，一名香柑，树高二、三丈，黄色皮厚，肉甘。”《桂林府志》康熙十二年（公元 1673 年）果属记载：“……柑，橙，柚，桔……。”《上思州志》康熙二十三年（公元 1684 年）记载：“果品……柚子……。”《西林县志》康熙五十七年（公元 1718 年）记载：“果属……柚……。”《武缘县志》乾隆六年（公元 1741 年）记载：“……桔，柑，柚……。”《陆州县志》乾隆二十一年（公元 1756 年）记载：“果类……橘柚……。”《北流县志》乾隆二十四年（公元 1759 年）记载：“果属……柑，桔，柚，橙……。”《昭平县志》乾隆二十四年（公元 1759 年）记载：“果之属：……柚（红、白）……。”《雒容

县志》乾隆五十九年（公元 1794 年）记载："柚：其瓤有红、白二种。"《广西通志》嘉庆六年（公元 1801 年）记载："桂林府：柚一名壶柑（《本草》），有臭、香两种（《临桂县册》）。平乐府：有红、白两种（《金志》）。大平府：柚各土司俱出。"《腾县志》嘉庆二十一年（公元 1816 年）记载："柚子最大，其瓤有红白二种。"《灵山县志》嘉庆二十五年（公元 1820 年）记载："柑，橙，柚亦不亚如新会。"《梧州府志》同治十二年（公元 1873 年）记载："柚子最大，瓤有红、白二种。"《容县志》光绪二十三年（公元 1897 年）记载："柚，《吕氏春秋》'果之美者，云梦之柚'。容地所产，叶类橙，春花秋熟，实大如瓠，皮黄上尖，下有圆脐；肉白，味甜如蜜，曰蜜柚。顶高似羊额，又名羊额囊，以辛里乡沙田所产为最。近年，四乡皆植，秋后金丸满树，获利颇厚。邻邑接枝分种，其味中变，有枳棘逾淮之叹。酸柚（ 俗名绿朴 ），叶似柚，干有刺，顶平，皮厚；肉有红白二种，《桂海虞衡志》曰：（臭柚）皮甚厚，……，打碑者，卷皮蘸墨以代毡刷，宜墨而不损纸。"可见广西早在唐代就有了柚的栽培，距今至少有 1 280 年以上的栽培历史。宋代栽培更盛，根据其性状记载，推测当时栽培的柚品种为酸柚。目前，广西各地均有零星栽培，主要分布在容县、陆川、桂平、阳朔、恭城、平乐、临桂、融水、融安、宜山等地，同时存在许多酸柚资源类型（图 2–55 至图 2–76）。

图 2–55　酸柚资源 –1（树体）

图 2-56　酸柚资源 -1（果实）

图 2-57　酸柚资源 -2（树体）

图 2–58　酸柚资源 –2（果实）

图 2–59　酸柚资源 –3（树体）

图 2-60　酸柚资源 -3（果实）

图 2-61　酸柚资源 -4（树体）

图 2–62 酸柚资源 –4（果实）

图 2–63 酸柚资源 –5（树体）

图 2-64　酸柚资源 -5（果实）

图 2-65　酸柚资源 -6（树体）

图 2-66　酸柚资源 -6（果实）

图 2-67　酸柚资源 -7（树体）

图 2-68　酸柚资源 -7（果实）

图 2-69　酸柚资源 -8（树体）

图 2-70 酸柚资源 -8（果实）

图 2-71 酸柚资源 -9（树体）

图 2-72 酸柚资源 -10（树体）

图 2–73　酸柚资源 –11（树体）

图 2–74　酸柚资源 –12（树体）

图 2–75　酸柚树体

图 2–76　酸柚果实

主要性状：植株高大，树冠圆头形，生长势强，枝梢有针刺，叶片椭圆形，先端渐尖，基部楔形，叶缘锯齿浅（图 2–77 至图 2–79）；春梢叶片长 9.0 ～ 11.1 cm，宽 5.2 ～ 7.2 cm；翼叶大，倒卵形，翼叶长 3.4 ～ 5.3 cm，宽 3.2 ～ 4.2 cm。花大，完全花，总状花序或单生；花开张径 5.7 cm；花丝分离，雄蕊 40 ～ 43 枚（图 2–80）。果实扁圆形、圆形或梨形，果顶部平或微凹，果蒂部浑圆；果皮橙黄色或青黄色；纵径 10.8 ～ 12.6 cm，横径 13.1 ～ 14.0 cm，果形指数 0.82 ～ 0.90；果皮厚 1.6 ～ 2.0 cm；囊瓣 10 ～ 14 瓣，囊壁厚（图 2–81）。单果重 800 ～ 1 500 g，可食率 40.0% ～ 55.4 %，每 100 mL 果汁中含维生素 C 38.0 ～ 71.8 mg、可滴定酸 1.3 ～ 1.5 g、全糖 8.4 ～ 11.0 g，可溶性固形物 11.2% ～ 12.5%，固酸比 8.5 ～ 8.7。每果种子 87 ～ 120 粒，种子楔形，子叶白色，单胚。果实于 11 月中旬成熟，耐贮藏。果肉有红、白两种颜色，味酸而苦，品质差。可作沙田柚的砧木和授粉树。

图 2-77　酸柚植株

图 2-78　酸柚成年结果树（牛英提供）

图 2-79　酸柚枝梢

图 2-80　酸柚花（牛英提供）

图 2-81　酸柚果实

二、橙类

1. 上龙橙

来源与分布：上龙橙为广西地方良种之一，为柳橙实生变异种，距今已有 150 余年历史。因最早种植在鹿寨县江口乡上龙屯（现鹿寨县导江乡古懂村上龙屯），故名“上龙橙”。20 世纪 50 年代初期，被评选为广西优良品种之一，在广西各地大量繁殖推广，后因黄龙病暴发致使当地上龙橙老树消失殆尽。在 2021—2022 年调查中发现，目前上龙屯仅保留有约 20 棵超过 50 年的上龙橙老树（图 2–82），主要分布在鹿寨县导江乡。

图 2–82　上龙橙资源调查

主要性状：上龙橙树冠圆头形，树姿开张，枝条细长；春梢长 8.6 ～ 12.1 cm，枝条具短刺或刺较少（图 2–83）。叶椭圆形，叶色浓绿，稍厚，春梢叶片长 8.3 ～ 11.1 cm，宽 4.4 ～ 5.3 cm；叶基部广楔形，先端急尖，叶缘浅波缘，主脉明显；翼叶小，线形。花中大，白色，多为总状花序，花萼 5 裂；花瓣 5 瓣。果实近球形或高扁圆形，顶部平或浅凹，多有大而明显的环沟，横径 6.8 cm，纵径 6.3 cm；果面较粗，果皮橙黄色，油胞微凸（图 2–84）；皮厚 0.44 cm，皮紧难剥，囊瓣 9 ～ 12 瓣，囊壁薄，化渣。果

肉橙黄色，汁胞纺锤形，质地细嫩。平均单果重 176.08 g，果实可食率 67.8%，出汁率 45.3%，可溶性固形物 11.3% ～ 15.3%；每 100 mL 果汁中含总糖 9.68 g、可滴定酸 0.76 g、维生素 C 49.30 mg。种子纺锤形，每果种子 9 ～ 24 粒。肉质脆嫩，味酸甜适中，汁多化渣，品质中等，耐贮运。果实成熟期 11 月下旬，品质中等（图 2–84、图 2–85）。

图 2–83　上龙橙结果树

图 2-84　上龙橙结果状

图 2-85　上龙橙果实

2. 灌阳橙

来源与分布：地方优良品种，原产广西桂林市灌阳县，在2021—2022年调查中发现分布在灌阳县文市、桂岩、清塘等地，老树已经消失殆尽，仅有30余株20年生左右的实生树和枳砧嫁接苗存活（图2–86）。

主要性状：灌阳橙树冠圆头形，树势壮旺，树姿开张（图2–87、图2–88）。枝条细长柔软，具短刺，春梢长10.3 cm。叶片长椭圆形，先端渐尖，基部狭楔形，有稀疏小锯齿；春梢叶片长9.8 cm，宽4.3 cm；翼叶倒卵形。花中大，花萼5裂，花瓣5瓣（图2–89），长2.1 cm，宽0.8 cm；花丝分离，雄蕊22～25枚。果实近圆形或高扁圆形，果顶平或浅凹，纵径5.5 cm，横径6.2 cm，果面油胞细密，果皮橙黄或橙红色，较光滑，不易剥离（图2–90）；囊瓣10～12瓣；果实可食率67.32%，出汁率49.28%，可溶性固形物9.8%～13.3%。每100 mL果汁中含总糖9.1～12.2 g、可滴定酸0.72～1.01 g、维生素C 48.35 mg。种子呈纺锤形，平均每果种子18粒。11月中下旬成熟，品质中等。

图2–86 灌阳橙资源调查

图2–87　灌阳橙成年树–1

图 2-88　灌阳橙成年树 -2

图 2-89　灌阳橙开花状

图 2–90　灌阳橙结果状

3. 桂夏橙

来源与分布：桂夏橙为1959年桂林市穿山乡穿山村由广东中山大学中山果园引入的夏橙中选出的一个优良株系。现在桂林市有零星分布。

主要性状：桂夏橙树冠圆头形，树姿开张，树势强壮（图2–91）。枝条具短刺，叶长卵圆形或长椭圆形，基部广楔形，叶片长7.85 cm，宽3.76 cm，翼叶不发达；花中大，花瓣5瓣，花丝分离，雄蕊23～24枚（图2–92）。果实球形或高扁圆形，横径6.3 cm，纵径6.0 cm；果皮橙黄色或橙红色，果面稍粗，油胞大而凸出（图2–93）；囊瓣9～12瓣，果实可食率71.2%，出汁率51.1%，可溶性固形物12.6%；每100 mL果汁中含总糖9.09 g、可滴定酸0.82 g、维生素C 39.37 mg。平均每果种子3.4粒。果实翌年3—4月成熟，品质优良。

图 2-91　桂夏橙植株

图 2-92　桂夏橙开花状

图 2-93　桂夏橙果实

4. 桂橙一号

来源与分布：桂橙一号是冰糖橙优良芽变株系，发现于广西鹿寨县四排乡新村屯村一甜橙果园，由华中农业大学、鹿寨县科技局与广西特色作物研究院等单位共同选育（图 2–94），于 2008 年通过广西壮族自治区农作物品种审定委员会的品种审定（审定编号：桂果审 2008004 号）。主要种植区域为广西鹿寨县等地。

图 2–94　邓秀新院士考察调研桂橙一号果园（甘海峰提供）

主要性状：树势中等、树形开张（图 2–95）。平均单果重 154.0 g，果形指数 0.98，果实横径 6.0 cm 以上占比为 36.13%，5.5 ～ 6.0 cm 占比为 53.33%，5.5 cm 以下占比为 10.54%（图 2–96、图 2–97）。果皮厚 0.41 cm，种子数 1.3 粒（图 2–98），果实可食率 75.66%，出汁率 49.95 %，可溶性固形物 14.6%；每 100 mL 果汁中含总糖 12.47 g、可滴定酸 0.375 g、维生素 C 45.98 mg；固酸比 39.85。风味浓郁，有蜜香，甜脆化渣，果实耐贮藏，丰产稳产、适应性强。在广西鹿寨县果实成熟期 11 月下旬，适合在甜橙种植区推广。

图 2–95　桂橙一号丰产状（甘海峰提供）

图 2–96　桂橙一号单株结果状（甘海峰提供）

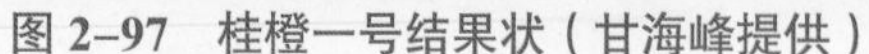
图 2–97　桂橙一号结果状（甘海峰提供）

图 2–98　桂橙一号果实（甘海峰提供）

5. 桂脐 1 号

来源与分布：桂脐 1 号是纽荷尔脐橙芽变株系，由广西特色作物研究院与资源县科技局共同选育，于 2010 年通过广西壮族自治区农作物品种审定委员会的品种审定（审定编号：桂果审 2010001 号）。主要种植区域为广西资源县、富川瑶族自治县等。

主要性状：树冠扁圆形，树体矮小紧凑，枝梢短而壮，发枝力较强（图 2–99）。果实椭圆形（图 2–100），平均单果质量 272.5 g，平均果形指数达 1.2，大小较均匀，可食率达 73.6%，可溶性固形物含量 12.29%，每 100 mL 果汁中含总糖 9.97 g、可滴定酸 0.64 g，风味浓郁，甜脆化渣。树形开张，丰产稳产，商品性好，适应性强，耐贮藏。果实成熟期 12 月上旬，适合在脐橙种植区栽培。

图 2–99　桂脐 1 号丰产状（甘海峰提供）

图 2–100　桂脐 1 号果实（甘海峰提供）

6. 桂夏橙 1 号

来源与分布：桂夏橙 1 号是‘阿尔及利亚夏橙’芽变株，在灵川县大境瑶族自治乡铁坑村 1999 年种植的‘阿尔及利亚夏橙’果园中发现，由广西特色作物研究院选育，于 2015 年通过广西壮族自治区农作物品种审定委员会的品种审定（审定编号：桂审果 2015004 号）（图 2–101）。主要种植区域为广西灵川县、荔浦市、阳朔县等地。

图 2–101　专家对桂夏橙 1 号进行品种查定

主要性状：树冠圆头形，枝梢粗壮，树势较强（图 2–102 至图 2–104）。叶片卵圆形，先端短尖，叶基楔形，翼叶倒披针形，叶缘浅波缘，花较大，单生或总状花序，完全花，花瓣披针状，4 瓣（图 2–105）。果实圆球形或椭圆形，果皮橙黄色，果面较粗糙，果顶圆，果肉橙黄色（图 2–106、图 2–107），味酸甜，多汁，有香气；果大，单果质量 197.8 ～ 259.7 g，果实横径 7.10 ～ 8.03 cm，纵径 6.86 ～ 8.01 cm，果形指数 0.94 ～ 1.03；平均种子数 1.68 粒，一般 1 ～ 3 粒。可食率 70.28% ～ 76.47%，出汁率 44.99% ～ 54.39%，可溶性固形物含量 10.2% ～ 13.3%，每 100 mL 果汁中含总糖 7.18 ～ 9.65 g、可滴定酸 0.68 ～ 1.20 g、维生素 C 45.96 ～ 55.04 mg，固酸比 9.92 ～ 15.07；果实较化渣，品质好。果实生育期 320 ～ 380 d，在桂林灵川 3 月下旬至 5 月中下旬成熟，适合在广西桂林以南及生态条件相似的地区栽培。

图 2-102　桂夏橙 1 号单株结果状

图 2-103　桂夏橙 1 号丰产状 -1

图 2–104　桂夏橙 1 号丰产状 –2

图 2–105　桂夏橙 1 号花

图 2-106　桂夏橙 1 号结果状

图 2-107　桂夏橙 1 号果实

7. 红肉暗柳橙

来源与分布：红肉暗柳橙引自台湾，可能是‘暗柳’甜橙的红肉突变体。

主要性状：乔木，树势中等，树冠扁圆形（图 2–108、图 2–109）。树高 2.49 m，干周 19.0 cm，冠幅 2.90 m×1.60 m。叶片卵圆形，顶部渐尖，翼叶倒披针形，叶片长 8.40 cm，宽 4.24 cm，翼叶长 0.88 cm，翼叶宽 0.26 cm，叶形指数 1.98，叶片厚度 0.04 cm（图 2–110）；花丝长 1.16 cm，花柱长 0.90 cm（图 2–111）。果实近圆形（图 2–112），平均单果重 131.5 g，纵径 5.86 cm，横径 6.52 cm，果皮厚度 0.47 cm，平均种子数 11.8 粒，囊瓣数 11.1 瓣，果汁率 40.5%，可食率达 66.16%，可溶性固形物含量 12.30%，每 100 mL 果汁中含总糖 6.54 g、可滴定酸 0.31 g、维生素 C 59.90 mg，固酸比 39.67。果皮橘黄色，果肉淡黄色，囊衣浅紫红色（图 2–113），风味纯甜，化渣性一般。

图 2–108　红肉暗柳橙植株 –1

图 2–109　红肉暗柳橙植株 –2

图 2-110　红肉暗柳橙叶

图 2-111　红肉暗柳橙花

图 2–112　红肉暗柳橙果实

图 2–113　红肉暗柳橙结果状

三、宽皮柑橘类

1. 沙柑

来源与分布：主要分布在广西都安、邕宁、上思、靖西、宜山等县（市、区）。栽培历史较长，来源不详。

主要性状：属芸香科，树形开张，树冠圆头形或扁圆形（图 2–114、图 2–115），具刺，叶披针形，长 9.2 cm，宽 3.9 cm，叶柄长 1.3 cm；花中等大小，花径 2.8 cm，花瓣数为 5，花瓣较狭（图 2–116）。果实大，扁圆形，纵径 6.1 cm，横径 8.3 cm，果皮厚 0.4 cm，果实橙红色（图 2–117），品质中等，耐贮藏，出汁率 42.31 %，可食率 73.91 %。每 100 mL 果汁中含总糖 7.2 g、可滴定酸 1.0 g、维生素 C 27.5 mg，可溶性固形物 11.5 %，固酸比 11.7。

图 2–114　沙柑结果状 –1

图 2–115　沙柑结果状 –2

图 2–116　沙柑开花状

图 2-117　沙柑果实

2. 扁柑

来源与分布：广西地方品种，主要分布在广西玉林、邕宁、贵港、河池、宜州、柳城、北流、忻城、桂平、荔浦、蒙山、平乐、柳江、临桂等地。

主要性状：树形开张，树冠扁圆形（图 2-118 至图 2-120），具刺，叶为菱形，长 8.8 cm，宽 4.3 cm，叶柄长 1.5 cm；翼叶为线形，长 0.9 cm，宽 0.2 cm；花中等大小（图 2-121），花径 2.6 cm，花瓣长 1.3 cm，花瓣宽 0.6 cm，平均雄蕊数 18.1 枚，花丝长 0.8 cm，柱头高 0.5 cm。果实扁圆形，纵径 4.4 cm，横径 7.3 cm，果形指数 0.6，种子数 0.1 粒，种子重 0.05 g，果汁率 59.86%，果皮厚度 0.2 cm，果心 2.0 cm，囊瓣 12.6。果皮橘黄色，多有暗绿浮在表层（图 2-122），皮脆，硬，果肉橙黄色，酸甜，淡水不化渣，风味一般，可食率 78.36%，每 100 mL 果汁中含总糖 6.1 g、可滴定酸 0.4 g、维生素 C 44.5 mg，可溶性固形物 8.5%，固酸比 21.3。

图 2–118 扁柑结果状 –1

图 2–119 扁柑结果状 –2

图 2–120　扁柑结果状 –3

图 2–121　扁柑花

图 2–122　扁柑果实

3. 酸橘

（1）岑溪红皮酸橘

来源与分布：主要分布在广西岑溪、荔浦、柳州、梧州、永福、河池、容县、苍梧、蒙山等地。

主要性状：树形开张，树冠圆头形（图 2–123 至图 2–125），具刺，叶椭圆形（图 2–126），长 6.5 cm，宽 3.1 cm，花中等大小，花径 2.3 cm。果实扁圆形（图 2–127、图

2–128），横径 3.9 cm，纵径 2.8 cm，果形指数 0.7。种子数 13 粒，出汁率 47.2%，囊瓣 11 瓣。果肉橙红色（图 2–129），味酸，较化渣。可食率 64.4%，每 100 mL 果汁中含总糖 8.2 g、可滴定酸 2.7 g、维生素 C 31.2 mg，可溶性固形物 12.1%，固酸比 4.5。

图 2–123　岑溪红皮酸橘 –1

图 2–124　岑溪红皮酸橘 –2

图 2–125　岑溪红皮酸橘 –3

图 2–126　岑溪红皮酸橘叶片

图 2-127　岑溪红皮酸橘结果状 -1

图 2-128　岑溪红皮酸橘结果状 -2

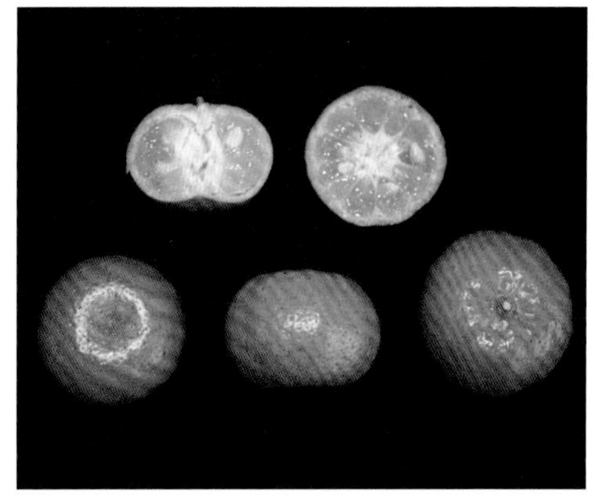

图 2-129　岑溪红皮酸橘果实

岑溪红皮酸橘古树（图 2–130 至图 2–142）

图 2–130　岑溪红皮酸橘古树 –1

图 2–131　岑溪红皮酸橘古树 –2

图 2–132　岑溪红皮酸橘古树 1 号株、2 号株

图 2–133　岑溪红皮酸橘古树 1 号株、2 号株主干

图 2-134　岑溪红皮酸橘古树 3 号株

图 2-135　岑溪红皮酸橘古树资源调查 -1

图 2–136　岑溪红皮酸橘古树资源调查 –2

图 2–137　岑溪红皮酸橘古树 1 号株叶片

图 2-138　岑溪红皮酸橘古树 2 号株叶片

图 2-139　岑溪红皮酸橘古树 3 号株叶片

图 2-140　岑溪红皮酸橘古树 1 号株果实

图 2-141　岑溪红皮酸橘古树 2 号株果实

图 2-142　岑溪红皮酸橘古树 3 号株果实

（2）黄皮酸橘

来源与分布：主要分布在广西柳州、梧州、昭平、环江、蒙山、荔浦、博白、容县等地。

主要性状：树形开张，树冠圆头形（图 2-143 至图 2-145），叶椭圆形（图 2-146），长 7.8 cm，宽 2.5cm，花较小（图 2-147），花径 1.5 cm。果实扁圆形，横径 4.2 cm，纵径 3.1 cm，果形指数 0.7。种子数 16.1 粒，出汁率 52.4%，囊瓣 11。果皮橙黄色（图 2-148、图 2-149），果肉橙色，风味酸，品质差，较化渣。可食率 78.9%，每 100 mL 果汁中含总糖 7.7 g、可滴定酸 1.9 g、维生素 C 26.2 mg，可溶性固形物 11.1%，固酸比 5.8。

图 2-143　黄皮酸橘 -1

图 2-144　黄皮酸橘 -2

图 2–145　黄皮酸橘 –3

图 2–146　黄皮酸橘叶片

图 2–147　黄皮酸橘花

图 2-148　黄皮酸橘结果状

图 2-149　黄皮酸橘果实

4. 宁明橘

（1）宁明橘

来源与分布：主要分布在广西宁明、凭祥、东兴、上思、大新等地。

主要性状：树形开张，树冠圆头形（图 2–150 至图 2–152），叶披针形，长 7.8 cm，宽 2.8cm。果实扁圆形（图 2–153），横径 5.1 cm，纵径 4.7 cm，果形指数 0.9。出汁率 55.2%，囊瓣 11.1 瓣，种子数 18 粒。果皮橙红色，果肉橘黄色，风味甜酸，化渣，有苦味。可食率 77.5%，每 100 mL 果汁中含总糖 7.8 g、可滴定酸 1.0 g、维生素 C 23.7 mg，可溶性固形物 9.9 %，固酸比 9.6。

图 2–150　宁明橘结果状 –1

图 2–151　宁明橘结果状 –2

图 2–152　宁明橘结果状 –3

图 2-153　宁明橘叶片、果实

（2）腊月柑

来源与分布：主要分布在广西崇左市大新县等地。

主要性状：树形直立，树冠椭圆形（图 2-154 至图 2-157），叶披针形（图 2-158），叶片长 9.5 cm，叶片宽 3.6 cm；翼叶线形，长 0.8 cm，宽 0.2 cm；果实扁圆形，横径 5.2 cm，纵径 3.9 cm，果形指数 0.8。果皮橙黄色（图 2-159），果肉橘黄色，甜酸水分少，风味一般，较淡，不化渣，种子多干瘪。可食率 76.5%，出汁率 48.3%，果皮厚度 0.2 cm，果心 1.3 cm，囊瓣 11.1，种子数 0.5 粒，种子重 0.05 g。每 100 mL 果汁中含总糖 11.9g、可滴定酸 0.7 g、维生素 C 31.2 mg，可溶性固形物 15.2 %，固酸比 21.7。

图 2–154　腊月柑资源调查

图 2–155　腊月柑 –1

图 2–156　腊月柑 –2

图 2–157　腊月柑 –3

图 2–158　腊月柑叶片

图 2–159　腊月柑结果状

5. 柳城蜜橘

来源与发布：柳城蜜橘是南丰蜜橘芽变株系（图 2–160），1999 年，在广西柳州市柳城县凉水山林场发现，由柳城县农业农村局、广西特色作物研究院、华中农业大学与柳城县凉水山林场等单位共同选育，于 2012 年通过广西农作物品种审定委员会的品种审定（审定编号：桂审果 2012013 号）。主产广西柳城县、兴安县、全州县、灵川县、鹿寨县等地，江西、云南、湖南、广东等地也有引种栽培。

图 2–160　柳城蜜橘芽变母树

主要性状：树势壮旺，树冠圆头形，枝梢细长而密（图 2–161 至图 2–164）。部分苗木及幼龄树枝条有刺。叶片长椭圆形，叶顶端急尖，叶基狭楔形，翼叶线形，叶缘浅波缘（图 2–165），叶形指数大，一般在 2.58 ～ 2.80，春梢叶片长 7.68 ～ 9.29 cm，宽 2.79 ～ 3.52 cm，厚 0.022 ～ 0.045 cm。春梢长 4.53 ～ 16.74 cm，粗 0.180 ～ 0.358 cm。花小，单生，完全花，花瓣披针状，5 瓣（图 2–166），花瓣长 13.0 ～ 15.8 mm，花瓣宽 5.0 ～ 6.2 mm；雄蕊 17 ～ 21 枚，花丝完全联合，花柱直立。果小，扁圆形，果肩平，果顶微凹，橙黄色，有光泽（图 2–167）；油胞中等大。单果重 33.34 ～ 48.50 g，可食率 73.65% ～ 77.66%，每 100 mL 果汁中含总糖 9.65 ～ 12.87 g、可滴定酸 0.58 ～ 1.05 g、维生素 C 18.91 ～ 26.83 mg，可溶性固形物 11.10% ～ 15.80%，固酸比 13.71 ～ 21.80。味清甜，化渣，品质上等。果实于 10 月下旬至 11 月下旬成熟，适宜在南丰蜜橘种植区域推广种植。

图 2–161　柳城蜜橘单株结果状

图 2–162　柳城蜜橘长枝结果状

图 2–163　柳城蜜橘丰产状

图 2–164　柳城蜜橘结果状

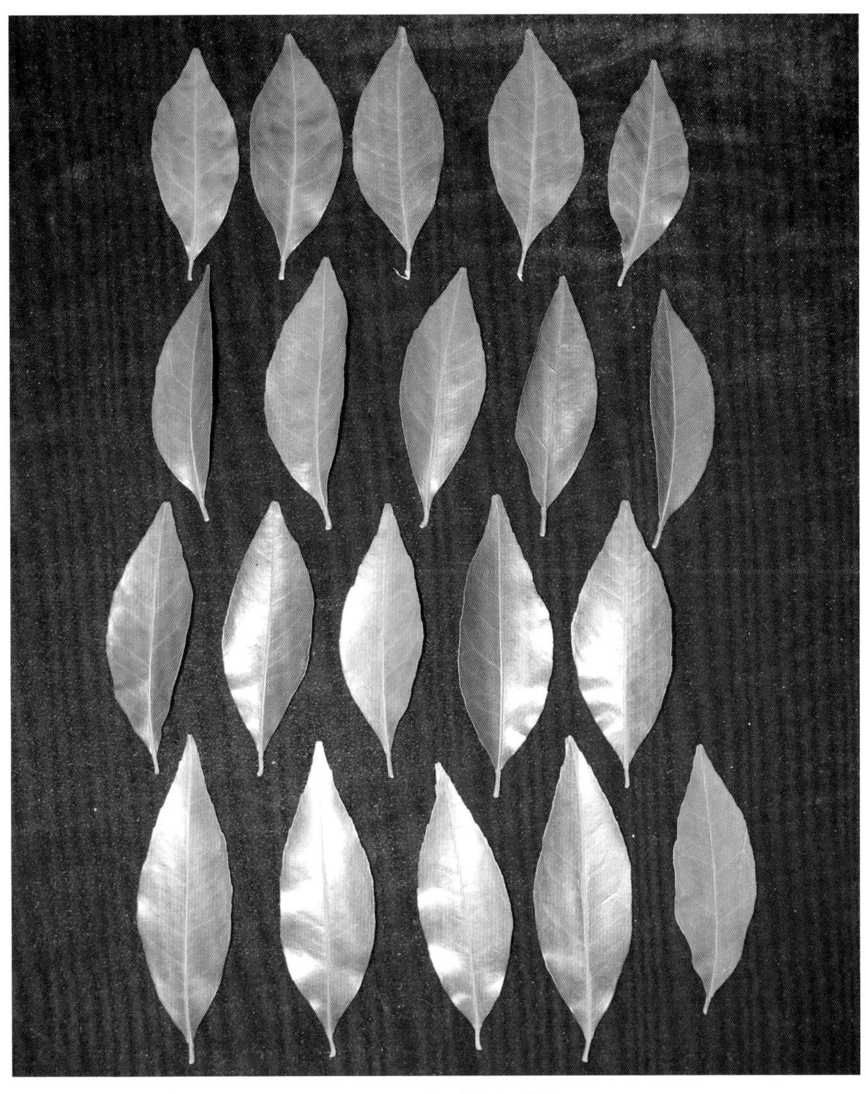

图 2–165 柳城蜜橘叶片

图 2–166 柳城蜜橘花

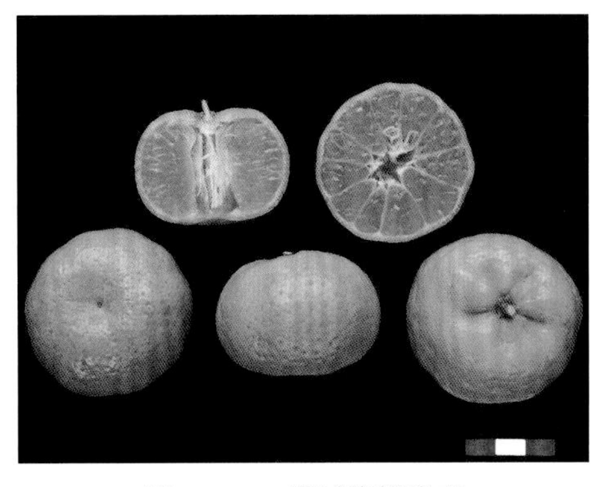

图 2–167 柳城蜜橘果实

6. 桂橘一号

来源与分布：桂橘一号是蜜广橘优良芽变株系（图 2–168），在广西桂林市兴安县界首镇城东村 1974 年种植的南丰蜜橘果园中发现，由广西特色作物研究院与兴安科技局联合选育，于 2014 年通过广西农作物品种审定委员会的品种审定（审定编号：桂审果 2014002 号）。主产广西全州县、兴安县、柳城县、鹿寨县等地。

图 2–168　1982 年种植的桂橘一号树

主要性状：树势中等，树冠圆头形（图 2–169 至图 2–171）。叶片狭卵圆形，先端渐尖，叶基狭楔形，翼叶线形，叶缘浅波缘。花小，单生，完全花，花瓣披针状，5 瓣（图 2–172、图 2–173）。果实扁圆形，果皮橙黄色，果面光滑，有光泽，果肉橙黄色（图 2–174、图 2–175），化渣，味清甜；平均单果质量 46.77 g，最大单果质量 63.3 g，果形指数 0.72；每果平均种子数 0.85 粒，单胚，子叶淡绿色。可食率 78.01%，出汁率 61.31%，可溶性固形物含量 12.29%，每 100 mL 果汁中含全糖 11.02 g、可滴定酸 0.64 g、维生素 C 21.2 mg，固酸比 19.85；果肉化渣、清甜、品质上等。在桂林果实成熟期为 10 月上中旬，桂北地区及柳州都能栽培，适宜在南丰蜜橘种植区域内种植。

图 2–169　桂橘一号单株结果状 –1

图 2–170　桂橘一号单株结果状 –2

图 2–171　桂橘一号丰产状

图 2–172　桂橘一号整树花

图 2–173　桂橘一号花

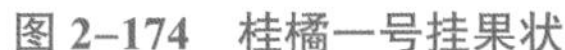

图 2–174　桂橘一号挂果状

图 2–175　桂橘一号果实

四、枸橼类

1. 枸橼（*Citrus medica* L.）

来源与分布：枸橼又称香橼，属芸香科，柑橘属，枸橼类，是广西古老品种之一，栽培历史悠久。据《南方草木状》（公元 304 年）记载：“枸……，似橙而金黄色，极芳香，肉甚厚，白色。”此外，在明嘉靖四十三年（公元 1564 年）刻本、《南宁府志》卷之三、《桂林府志》康熙十二年（公元 1673 年）、乾隆二十一年（公元 1756 年）《陆川县志》卷十二上均有记载。可见早在 1 000 多年前广西已有枸橼栽培。陆川、武鸣、融安、三江、河池、东兰、都安、凭祥、龙胜、桂林等地有零星分布。

主要性状：小乔木或灌木，树冠扁圆形，树姿开张，枝条粗壮饱满，节间较长；刺多，粗硬，刺长 0.7 ～ 2.7 cm（图 2–176）；春梢长 14.5 ～ 18.5 cm，嫩梢淡紫色（图 2–177）；叶片较大，长椭圆形，春梢叶片长 9.6 ～ 12.0 cm，宽 4.5 ～ 5.6 cm，叶柄长 0.5 ～ 1.1 cm，叶形指数 2.0 ～ 2.2；叶脉明显，叶缘波状锯齿明显，无翼叶或仅具痕迹，叶片与叶柄间无明显关节（图 2–178）。一年多次开花，总状花序，花蕾紫红色或淡紫红色；花大，开张径 3.1 ～ 4.1 cm，花瓣 4 ～ 5 瓣，花瓣背面略带紫红色；雄蕊多，35 ～ 45 枚，花丝半分离；柱头高出雄蕊，部分雌蕊退化（图 2–179）。果实椭圆形，果皮橙黄色（图 2–180）；纵径 9.8 ～ 10.5 cm，横径 7.3 ～ 8.0 cm，果形指数 1.31 ～ 1.34；果顶渐尖有大而明显的乳头状凸起；果皮厚 0.9 ～ 1.4 cm，难剥离；囊瓣 10 ～ 13 瓣，囊壁厚，中心柱充实（图 2–181）；单果重 280 ～ 500 g，可食率 40% ～ 45%，每 100 mL 果汁中含可滴定酸 5.6 ～ 5.9 g、维生素 C 24.2 ～ 41.0 mg；可溶性固形物 7.2% ～ 8.6%，固酸比 1.3 ～ 1.5。种子大而多，饱满，卵形或纺锤形，每果种子 52 ～ 60 粒，种子大小（9.8 ～ 12.6）mm ×

（5.0 ～ 6.6）mm ×（3.2 ～ 3.9）mm，子叶乳白色，单胚（图 2–182）。果实于 10—11 月陆续成熟，汁少，味酸，微苦，不堪食用，可作药材或观赏。

图 2–176　枸橼结果树

图 2–177　枸橼枝梢

图 2-178　枸橼叶片

图 2-179　枸橼花

图 2–180　枸橼结果状

图 2–181　枸橼果实

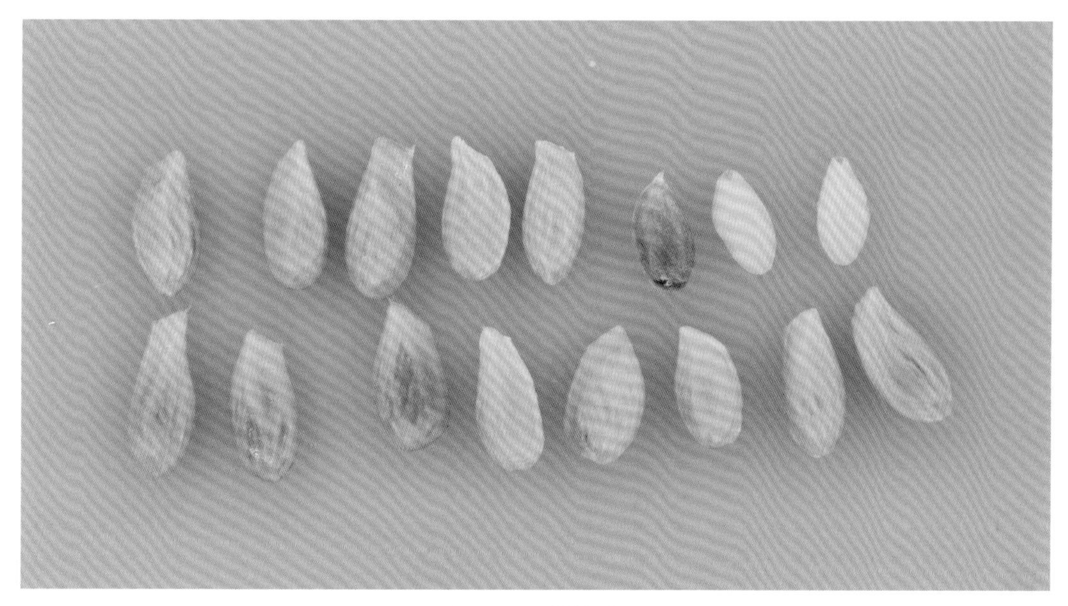

图 2–182　枸橼种子

2. 佛手（*Citrus medica* var. *sarcodactylis* Swingle）

来源与分布：佛手属芸香科，柑橘属，枸橼类，为香橼的变种，又称佛手柑、佛手香橼、五指柑、五指香橼等，栽培历史同枸橼。武鸣、柳州、三江、宜州、凭祥、陆川、博白、桂林等地有零星栽培。

主要性状：常绿小乔木或灌木，树冠呈不规则圆头形或伞形，树姿开张（图 2–183）；枝条粗壮，披垂，刺多而长，刺长 0.5 ～ 2.7 cm；春梢长 10.5 ～ 46.5 cm，嫩梢暗紫色，叶阔椭圆形或倒卵状椭圆形；春梢叶片长 8.4 ～ 11.7 cm，宽 4.2 ～ 5.9 cm，叶柄长 0.5 ～ 0.7 cm，叶形指数 2.0 ～ 2.1；先端钝圆或钝尖，有凹口或凹口模糊；基部圆钝或广楔形；叶缘锯齿明显；无翼叶，无关节或关节模糊（图 2–184）。总状花序或单生；一年多次开花，花蕾紫红或暗紫色；花中大，完全花；开张径 3.2 ～ 4.4 cm；花瓣 4 ～ 6 瓣，花瓣背面紫红色或淡紫色；雄蕊多，35 ～ 45 枚，花丝分离，长短不一；雌蕊火炬状，先端紫色，分裂成数个轮生的肉质指状物（图 2–185、图 2–186）。果实指状或拳头状长椭圆形，果实表面粗糙，柠檬黄色至橙黄色；纵径 8.5 ～ 20.5 cm，横径 5.9 ～ 12.0 cm，果形指数 1.44 ～ 1.71；单果重 245 ～ 423 g；果顶部分裂呈指状，中果皮海绵层发达，白色，味淡微苦，囊瓣退化，无种子（图 2–187、图 2–188）。果实 10 月下旬至 11 月上旬成熟。果实香气浓郁，形态奇特，多作观赏植物和药材。

图 2-183　佛手结果树

图 2-184　佛手叶片

图 2-185　佛手嫩梢花蕾

图 2-186　佛手花

图 2-187　佛手结果状

图 2-188　佛手果实

第二节　金柑属

一、金弹（*Fortunella crassifolia* Swingle）

来源与分布：金弹属芸香科金柑属，又名金柑、金橘、长安金橘、融安金橘、阳朔金橘、尤溪金柑、遂川金柑等。可能是罗浮和罗纹的杂交种。

中国是金柑属植物的起源中心，长江以南各省均有金柑属植物分布，金弹在中国的栽培历史悠久，成书于公元3—4世纪的《临海异物志》《博物志》《广志》等古籍，已有金柑果实性状、开花习性以及产区分布等简要记述，说明在1 600多年前我国就有金柑栽培。宋代欧阳修《归田录》（公元1067年）记载："金橘产于江西，以远难致。……而金橘香清味美，置之尊俎间，光彩灼烁，如金弹丸，诚珍果也"。元代张世南所著《游宦纪闻》（约公元1233年）记载："金橘产于江西诸郡，……年来，商贩小苗，才高二、三尺许。一舟可载千百株，……"，记述了大批金柑苗木运销情况，可见在宋、元时期江西已经盛产金柑。至明清时代，金柑栽培已经很兴盛，栽培区域进一步扩大，明李时珍《本草纲目》（公元1578年）记载："金橘，生吴粤、江浙、川广间。……其树似橘，不甚高硕。五月开白花结实，秋冬黄熟，大者径寸，小者如指头，……"。清代初期，福建省已广泛栽培金柑，其大量的地方县志如《松溪县志》（公元1700年）、《尤溪县志》（公元1776年）等都有关于金柑的记述。1760年，金柑传入日本，现有少量栽培。1846年，金柑传入欧洲，现仅作观赏用。目前，只有中国真正大量栽培金柑。清代初中期，金柑从江西传入广西，栽培区域进一步扩大，广西成为全国最早的金柑产区。

根据《融安县志》记载，金弹传入广西融安县的时间在清代乾隆二十三年（公元 1758 年），邑人黄德坚从江西省吉安府龙泉县（现遂川县）引进，在今属融安县大将镇的拉撖村试种成功，迄今已有 260 余年的历史。据历史资料记载，融安金柑多次作为贡品进京。现今在大将镇才妙村仍存 19 株一百多年前栽种的金柑古树。引种成功后，附近农友慕名而移栽，逐渐扩展，但由于价格低廉等原因，至 1948 年全县总面积仅 53.3 hm^2（800 亩），总产量 80 t。中华人民共和国成立后，政府扶持金柑生产，1953 年国家开始包收购，1959 年外贸出口，远销东南亚、港澳及法国。融安金柑以量多、质优名扬中外，1985 年朝鲜主席金日成访华，指名品尝融安金柑，当年 11 月在浙江宁波金柑研讨会评为全国第一名。1986 年该品种列入广西“星火项目”开发。1988 年首次鲜果参加北京展销会，名列全国优质产品。2022 年全县金柑种植面积为 1.43 万 hm^2（21.51 万亩），产量 22.34 万 t，产值 28.50 亿元。

金弹传入广西阳朔县的时间约在 1870 年，一位名叫古阿炳的江西人到阳朔访友，从遂川县带苗到白沙镇石塘村委金龟洞村种植，迄今已有 150 余年的历史。据民国九年（公元 1920 年）《阳朔县志》记载：“金橘树似橘而小，三四月开白花结实，秋冬黄熟，大者径寸，小者如指头形……惟西上区之金龟洞等处出产甚旺。”说明当时阳朔金柑产区主要集中在金龟洞一带。民国二十五年（公元 1936 年）《阳朔县志》记载：“农业果之属，通产核果有桃、李、梅、白枣、酸枣、黄皮六种，仁果有梨、柑、柚、橙、柠檬五种……此外特产有金桔、白果二种，……阳朔县立苗圃计划以采集本县出产之树种播殖之，预定所育树苗数目列下：苦楝 20 万株，金桔 5 万株……”，可见当时已有金柑发展计划。现在古板村委大板桥、富马、龙潭门村，大竹山村委的羊奶冲等村，仍生长着 80 年以上的老树，说明在 20 世纪 40 年代，现白沙镇的蕉芭林、古板、大竹山等村委已有金柑种植，已初步形成了阳朔县现在的金柑核心产区雏形。据《阳朔县农业区划报告集》（1991 年）记载：“1949 年金柑产量为 380 t”，以当时的生产水平推算，金柑总面积不足 66.67 hm^2（1 000 亩）。2022 年全县金柑种植面积为 1.52 万 hm^2（22.8 万亩），产量 48 万 t，产值 37 亿元。

主要性状：树冠圆头形（图 2–189、图 2–190），主干褐色，具粗针刺；枝条细长，分枝角度小；叶椭圆形，长 5.2 ～ 6.6 cm，宽 2.4 ～ 2.9 cm，叶质肥厚，正面绿色，背面淡绿色，先端渐尖，基部阔楔形，近全缘；叶柄长 0.7 ～ 1.0 cm；翼叶线形，不明显。花小，白色，单生，少数丛生，花径 1.6cm，花丝三五连结成束，雄蕊 17 ～ 19 枚。果椭倒卵状

椭圆形，纵径 3.36 ～ 3.40cm，横径 2.9 ～ 3.16 cm；果面橙黄色，光滑，油胞平生或微凸（图 2-191、图 2-192）；果皮厚 0.3 ～ 0.4 cm；囊瓣 6 ～ 7 瓣，果形指数 1.08，每果种子 7.3 粒。可食率 97.1%，可溶性固形物 14.4%，每 100 mL 果汁中含维生素 C 53.3 mg、可滴定酸 0.37 g、全糖 10.9 g，成熟期 11 月至 12 月上中旬，适合在广西融安县、阳朔县种植。

图 2-189 阳朔金柑结果树

图 2-190 融安金柑结果树

图 2-191　融安金柑结果状

图 2-192　阳朔金柑结果状

融安金柑古树（图 2–193 至图 2–201）

图 2–193　融安县大将镇才妙村金柑古树 –1

图 2–194　融安县大将镇才妙村金柑古树 –2

图 2–195　融安县大将镇才妙村金柑古树 –3

图 2–196　融安县大将镇才妙村金柑古树 –4

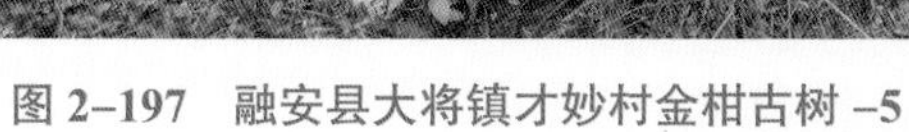

图 2–197　融安县大将镇才妙村金柑古树 –5

图 2–198　融安县大将镇才妙村金柑古树 –6

图 2–199　融安县大将镇才妙村金柑古树 –7

图 2-200　融安县大将镇才妙村金柑古树群

图 2-201　融安金柑古树实地考察

阳朔金柑古树（图 2–202 至图 2–215）

图 2–202　阳朔金柑古树实地考察 –1

图 2–203　阳朔金柑古树实地考察 –2

图 2–204 阳朔金柑古树 –1

图 2–205 阳朔金柑古树 –2

图 2–206 阳朔金柑古树 –3

图 2–207 阳朔金柑古树 –4

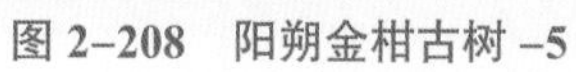

图 2-208　阳朔金柑古树 -5

图 2-209　阳朔金柑古树 -6

图 2-210　阳朔金柑古树 -7

图 2-211 阳朔金柑古树 -8

图 2-212 阳朔金柑古树 -9

图 2–213　阳朔金柑古树 –10

图 2–214　阳朔金柑古树 –11

图 2–215　阳朔金柑古树 –12

二、滑皮金柑

来源与分布：滑皮金柑来源于融安金柑实生苗变异单株，1980 年，发现于广西融安县大将镇雅仕村融安金柑实生果园，由柳州市农业科学研究所、融安县农业局共同选育；2011 年 6 月，通过广西农作物品种审定委员会审定并命名为‘滑皮金柑’（审定编号：桂审果 2011005 号）。主要分布在广西柳州市融安县，桂林市灵川县、临桂区。

主要性状：树冠圆头形，树势中庸，枝条具短刺（图 2–216）。叶片菱状椭圆形，叶厚，稍内卷，长 6.8 ～ 7.5 cm，宽 2.9 ～ 3.4 cm，厚 0.035 ～ 0.04 cm。单花或 2 ～ 3 花簇生；花梗长 0.3 ～ 0.5 cm；花瓣 5 瓣，长 0.6 ～ 0.8 cm。果椭圆形，橙黄至橙红色，味甜，果实纵径 3.43 cm，果实横径 3.44 cm，果形指数 1.0，单果重 20.6 g，平均每果种子 1.1 ～ 3.1 粒（图 2–217）。可食率 98.7%，可溶性固形物 18.6%，每 100 mL 果汁中含维生素 C 51.8 mg、可滴定酸 0.2 g、全糖 16.5 g，成熟期 11 月中旬至 12 月，适合在广西桂中、桂北金柑产区种植。

图 2–216　滑皮金柑结果树

图 2–217　滑皮金柑果实

三、桂金柑1号

来源与分布：桂金柑 1 号来源于阳朔金柑实生苗变异单株，2005 年，发现于阳朔县白沙镇冬瓜桥村实生金柑果园，由广西特色作物研究院选育；2015 年 6 月，通过广西农作物品种审定委员会审定并命名为‘桂金柑 1 号’（审定编号：桂审果 2015003 号）。主要分布在广西阳朔县。

主要性状：树冠圆头形，树势中等，枝梢细长而密，有少量短刺（图 2–218、图 2–219）。叶片椭圆形，叶尖短尖，叶基广楔形，翼叶线形，叶缘全缘，春梢叶片长 7.5 ～ 9.4 cm，宽 2.8 ～ 4.0 cm，叶形指数 2.35 ～ 2.68，叶柄长 1.20 ～ 1.30 cm，叶片厚 0.038 ～ 0.040 cm（图 2–220）。春梢长 7.1 ～ 23.1 cm，春梢粗 0.24 ～ 0.39 cm，节间长 1.23 ～ 2.82 cm。花小，白色，单生、双生或簇生，完全花，花瓣 5 瓣（图 2–221）。果实椭圆形，橙黄色，有光泽（图 2–222、图 2–223），味清甜，果实横径 3.35 ～ 3.73 cm，果实纵径 3.84 ～ 4.33 cm，果形指数 1.14 ～ 1.24，单果质量 24.4 ～ 32.5 g，种子数 3.4 ～ 6.4 粒（图 2–224）。可食率 97.1% ～ 98.1%，可溶性固形物含量 12.6% ～ 18.6%，每 100 mL 果汁中含维生素 C 28.3 ～ 52.96 mg、可滴定酸 0.23 ～ 0.52 g、全糖 10.25 ～ 16.60 g，成

熟期 11 月上中旬至 12 月中旬，适合在广西桂北、桂中金柑产区种植。

图 2-218　桂金柑 1 号变异母树

图 2-219　桂金柑 1 号三年生结果树

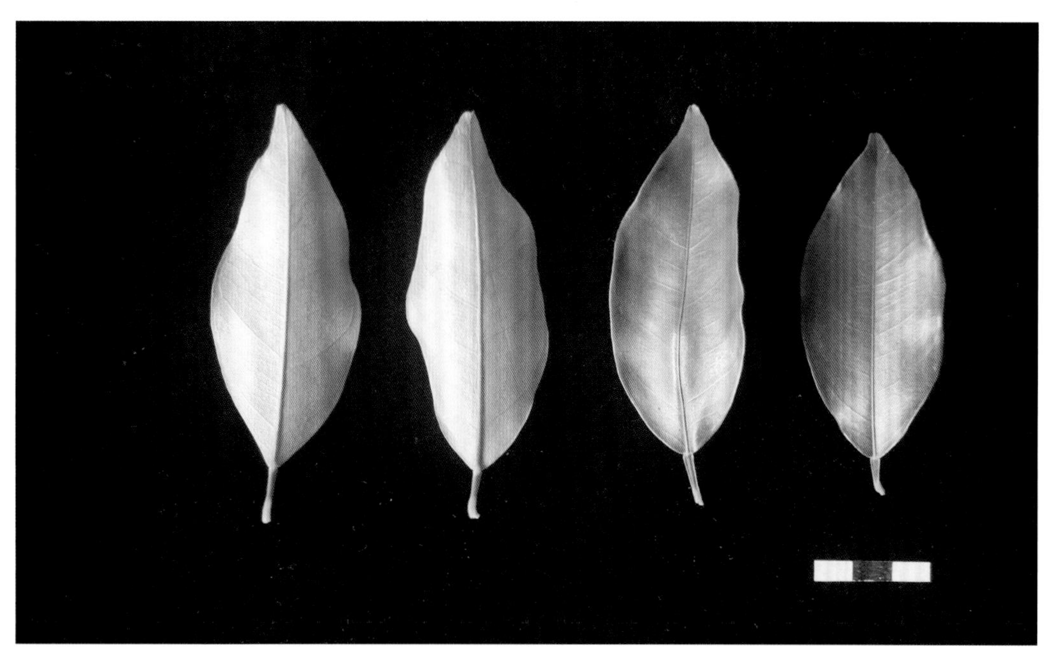

图 2-220　桂金柑 1 号春梢叶片

图 2-221　桂金柑 1 号花

图 2–222　桂金柑 1 号结果状

图 2–223　桂金柑 1 号果实

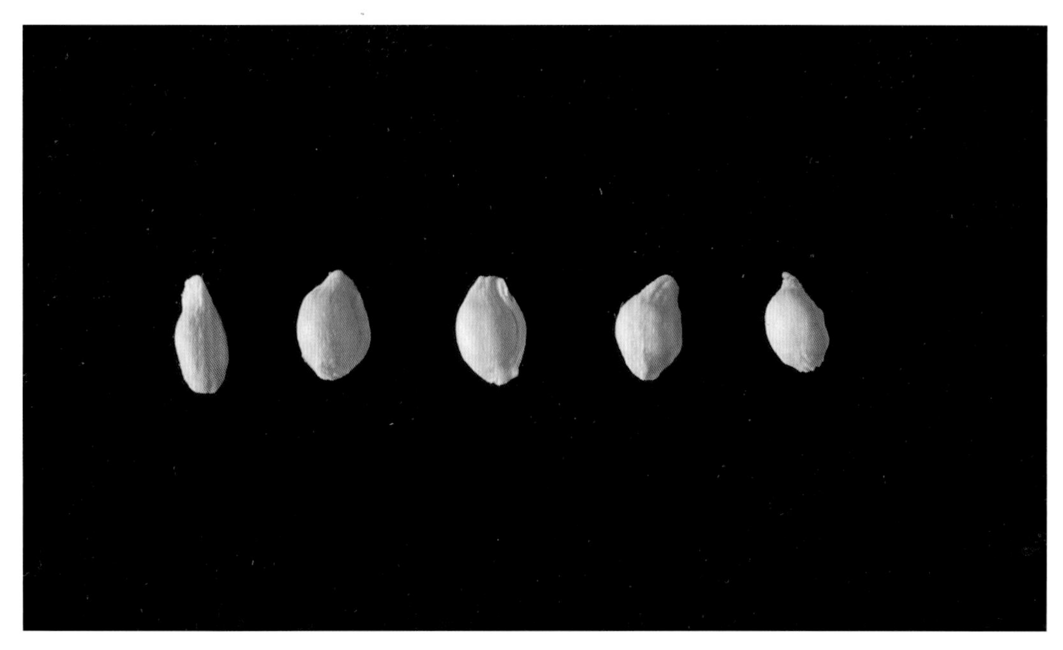

图 2–224　桂金柑 1 号种子

四、桂金柑 2 号

来源与分布：桂金柑 2 号来源于阳朔金柑实生苗变异单株，2005 年，发现于阳朔县兴坪镇大岭头村实生金柑果园；2008—2015 年，由广西特色作物研究院和华中农业大学共同选育；2016 年 8 月，通过广西农作物品种审定委员会审定并命名为‘桂金柑 2 号’（审定编号：桂审果 2016018 号）。主要分布在广西阳朔县。

主要性状：树冠圆头形，树势较旺，枝条粗壮，稀疏，有少量短刺（图 2–225、图 2–226）。叶片卵圆形，叶尖短尖，叶基广楔形，翼叶线形，叶缘全缘，叶形指数 2.3 ～ 2.3，春梢叶片长 8.0 ～ 10.5 cm，宽 3.5 ～ 4.6 cm，叶柄长 1.5 cm，叶片厚 0.036 cm。春梢长 10.1 ～ 39.2 cm，春梢粗 0.4 ～ 0.6cm，节间长 1.4 ～ 2.5 cm。花小，白色，单生、双生或簇生，完全花，花瓣 5 瓣（图 2–227）。果实椭圆形，橙红色，光滑；油胞平生。单果质量 24.3 ～ 34.1 g，果实横径 33.8 ～ 37.1 mm，果实纵径 39.3 ～ 43.6 mm，果形指数 1.1 ～ 1.2，单果平均种子数 4.1 粒（图 2–228、图 2–229）。果实风味浓郁，有微淡刺鼻味，可食率 97.8% ～ 99.0%，可溶性固形物 15.2% ～ 19.9%，每 100 mL 果汁中含维生素 C 31.9 ～ 54.4 mg、可滴定酸 0.2 ～ 0.5 g、全糖 12.8 ～ 15.2 g，成熟期 12 月中下旬至翌年 1 月中旬，适合在广西金柑产区种植。

图 2–225　桂金柑 2 号高接第一代结果树

图 2–226　桂金柑 2 号果园

图 2-227　桂金柑 2 号花

图 2-228　桂金柑 2 号结果枝

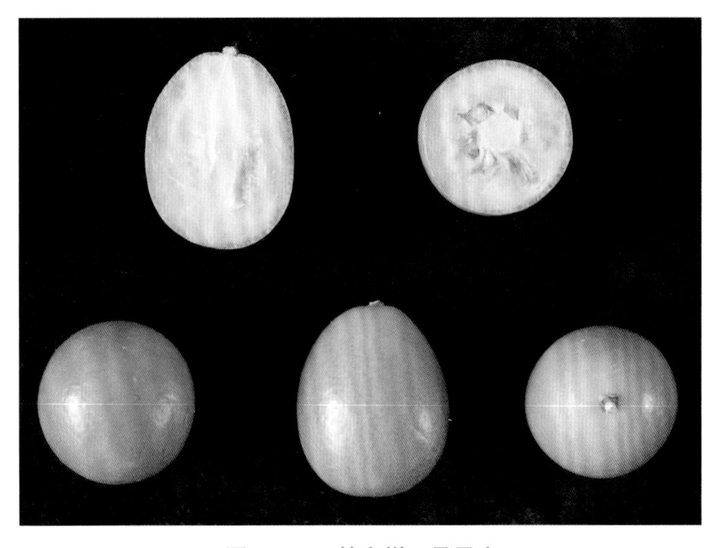

图 2-229　桂金柑 2 号果实

五、脆蜜金柑

来源与分布：脆蜜金柑来源于滑皮金柑优良芽变单株，2007 年，发现于融安县大将镇合理村里煌屯屋背坡谢共和的滑皮金柑果园，由柳州市水果生产办公室、广西大学、融安县水果生产技术指导站等单位共同选育；2009—2015 年，对该自然芽变株母树（图 2-230、图 2-231）、高接换种树（图 2-232）进行生物学特性、分子学、遗传稳定性、栽培关键技术等方面的研究；2014 年 3 月，通过广西农作物品种审定委员会审定并命名为‘脆蜜金柑’（审定编号：桂审果 2014003 号）。主要分布在广西柳州市融安县、柳城县、柳江区、融水县及桂林市全州县、兴安县、灵川县、阳朔县。

图 2-230　脆蜜金柑变异母树 -1

图 2-231　脆蜜金柑变异母树 -2

图 2-232　脆蜜金柑第一代高接结果树

主要性状：树冠圆头形，树势较旺，枝梢粗壮（图 2-233 至图 2-235）。结果树春梢长 9 ～ 34 cm，夏梢 9 ～ 31 cm，秋梢 6 ～ 21 cm 。春梢叶片倒卵形，长 8.5 cm，宽 4.2 cm，叶尖钝尖，叶缘全缘，叶缘波形上卷，叶腋带刺，叶脉突起明显，翼叶、叶柄长，叶厚，色浓绿（图 2-236）。花大，完全花，花瓣 5 瓣，雄蕊 17 枚，多为叶芽花（图 2-237）。果实椭圆形至圆形，皮光滑，金黄色至橙红色，油胞少而平，果肉浅黄色至黄色，质地爽脆，味浓甜，无刺鼻辛辣味，果汁多，少核或无核，平均单果重 20.5 g（图 2-238 至图 2-240）。可溶性固形含量 21% ～ 25%，每 100 mL 果汁中含维生素 C 44.5 mg、可滴定酸 0.18 g、全糖 16.5 g，糖酸比 91.4。成熟期 11 月下旬至 12 月中旬，通过树冠盖膜可留果至翌年 2 月，适合在广西金柑产区种植。

图 2–233　脆蜜金柑三年生结果树

图 2–234　脆蜜金柑四年生结果树

图 2-235　脆蜜金柑结果树

图 2-236　脆蜜金柑母树春梢叶片

图 2–237　脆蜜金柑花

图 2–238　脆蜜金柑结果状 –1

图 2–239　脆蜜金柑结果状 –2

图 2–240　脆蜜金柑果实

六、富圆金柑

来源与分布：富圆金柑来源于融安金柑自然芽变株系，2009 年，发现于融安县大将镇富乐村六屯韦声荣融安金柑果园，由融安县农业局、广西大学、柳州市水果生产办公室等单位共同选育；2015 年 6 月，通过广西农作物品种审定委员会审定并命名为（富圆金柑）（审定编号：桂审果 2015006 号）。主要分布在柳州市融安县。

主要性状：树冠圆头形，树势旺（图 2–241）。结果树春梢长 9 ～ 28 cm，夏梢 9 ～ 30 cm，秋梢 6 ～ 18 cm，春梢叶片卵圆形，长 6.6 cm，宽 3.2 cm，叶缘波浪状，叶面浓绿色，叶背浅绿色（图 2–242）。花中大，完全花，花瓣多为 5 瓣，雄蕊 17 枚，多为叶芽花（图 2–243）。果圆球形，平均单果重 15.6 g，最大果重 18.2 g，皮光滑，黄色至橙红色，油胞少而平，果肉浅黄色至黄色，质地爽脆，味甜，无刺鼻辛辣味，果汁率 41.8%，少核（图 2–244、图 2–245）。可食率 97.3%，可溶性固形含量 18%，每 100 mL 果汁中含维生素 C 30 mg、可滴定酸 0.16 g、全糖 15.4 g。成熟期 11 月中旬。该品种坐果率高，春梢球状结果，果实圆形，皮光滑，色泽金黄，质地爽脆，味甜，无刺鼻辛辣味，汁多，少核；丰产、稳产，抗逆性、抗病虫性强，适合在广西金柑产区种植。

图 2–241　富圆金柑结果树

图 2–242　富圆金柑春梢叶片

图 2–243　富圆金柑花

图 2-244　富圆金柑串状结果枝

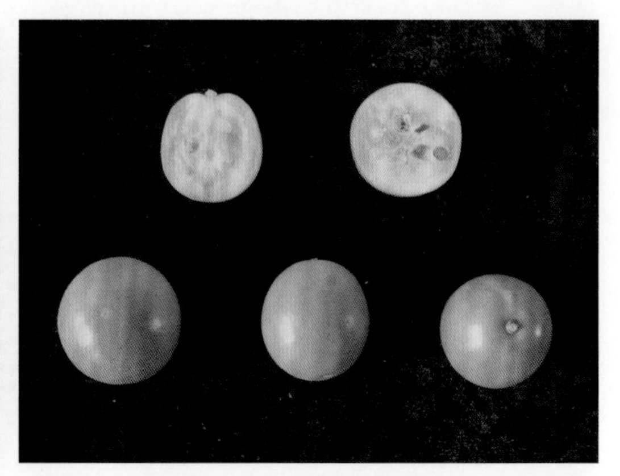

图 2-245　富圆金柑果实

第三章

广西其他芸香科种质资源

第一节　大化九里香

来源与分布：自 2013 年开始，广西特色作物研究院柑橘品种资源团队先后 6 次对广西大化瑶族自治县发现的一种芸香科植物进行实地考察（图 3–1），对其植物学性状等进行详细观察研究，共采集制作标本 7 份，模式标本（标本号：14001）保存在广西特色作物研究院标本室，同时移栽 2 株保存在广西特色作物研究院柑橘种质资源圃。2017 年，与西南大学牟凤娟团队合作共同研究该野生资源，通过大量的形态学观察、研究和分子标记分析，认定其为九里香的一个新种，命名为大化九里香（*Bergera unifolia* C. L. Deng & F. J. Mou）。目前仅见于广西大化瑶族自治县，分布于海拔 550 m 左右的石灰岩山地灌木丛或疏林中。

图 3–1　大化九里香资源调查

主要性状：大化九里香树高达 1 m。全株无刺、光滑；嫩枝、叶轴、小叶柄及叶片叶缘和叶肉内具有明显突起油腺点；幼枝绿色，后变灰棕色（图 3–2、图 3–3）。叶为单身复叶，叶轴长 2.5 ～ 5.5 cm，叶枕明显隆起，长 0.4 ～ 0.5 cm；小叶近革质，上面具光泽，背面被毛，干后具油质光泽，油点甚多，干后变黑褐色；椭圆形或长圆形披针形，长 7 ～ 12 cm，宽 3 ～ 6 cm，基部狭楔形，顶部狭窄渐狭和稍微缺，叶缘钝齿或近微缺，具细齿，齿缝处有较大的油点；具 10 ～ 15 对侧脉，明显隆起（图 3–4）。聚伞花序腋生和顶生，小花多达 50 朵；花较小，花蕾长 0.25 ～ 0.35 cm，宽 0. 2 cm；萼片 5，较短，卵形，急尖，（0.08 ～ 0.13）cm ×（0.05 ～ 0.09）cm；花瓣长椭圆形，长 0.25 ～ 0.35 cm，宽 0.05 ～ 0.10 cm；萼片和花瓣均具透明油腺点；雄蕊花丝 10 枚，离生，长短相间，具毛，分别长 0.2 cm 和 0.3 cm，花药具毛；雌蕊长 0.18 ～ 0.25 cm；子房长圆形，黄色，具子房柄，具腺油，心皮 2，每心皮有胚珠 1 枚；花柱圆柱形，具白色短柔毛（图 3–5）。浆果肉质，成熟为红色，卵形，长达 1.5 cm（图 3–6）。花期 6—8 月，果期 9 月至翌年 1 月。

图 3–2　大化九里香植株 –1

图 3–3　大化九里香植株 –2

图 3–4　大化九里香叶片

图 3-5　大化九里香开花状

图 3-6　大化九里香结果状

第二节　山黄皮

来源与分布：又名假黄皮，在广西龙州、宁明、凭祥等地有分布。

主要性状：为黄皮属灌木，树高 1 ～ 2 m（图 3-7）。小枝及叶轴均密被向上弯的短柔毛且散生微凸起的油点。叶有小叶 21 ～ 27 片，花序邻近的有时仅 15 片。花序顶生；花蕾圆球形（图 3-8）；苞片对生，细小；花瓣白或淡黄白色，卵形或倒卵形；

子房上角四周各有1油点，密被灰白色长柔毛，花柱短而粗。果实椭圆形，初时被毛，成熟时由暗黄色转为淡红色至朱红色，毛尽脱落，有种子1～2颗（图3-9、图3-10）。花期4—5月及7—8月，盛果期8—10月。

图3-7 龙州山黄皮树体（牟凤娟提供）

图3-8 龙州山黄皮花蕾（牟凤娟提供）

图3-9 龙州山黄皮果实-1（牟凤娟提供）

图3-10 龙州山黄皮果实-2（牟凤娟提供）

第三节　小花山小橘

来源与分布： 在广西龙州、上思、南宁、柳城等地有分布。

图 3–11　小花山小橘植株

主要性状： 小乔木，高可达 5 m（图 3–11）。新梢淡绿色，略呈两侧压扁状。叶有小叶 3 片，稀 5 片或兼有单小叶，小叶柄长 2 ~ 10 mm；小叶长圆形，全缘，稀卵状椭圆形，长 5.3 ~ 14.1 cm，宽 2.5 ~ 6.8 cm，顶部钝尖或短渐尖，基部短尖至阔楔形，硬纸质，无毛（图 3–12）。圆锥花序腋生及顶生，花序轴、小叶柄及花萼裂片初时被褐锈色微柔毛，萼片 5 枚，花瓣 5 瓣，白或淡黄色，油点多，花蕾期在背面被锈色微柔毛；雄蕊 10 枚；子房圆球形或阔卵形，花柱极短，柱头稍增粗，子房的油点干后明显凸起。果实近圆球形，直径 8 ~ 10 mm，果皮多油点，淡红色，略通明（图 3–13），味道略甜微麻。花期 3—5 月，果期 7—9 月。通常除冬、春初季节外常在同一树上有成熟果也同时开花。

图 3–12　小花山小橘叶片及结果状

图 3–13　小花山小橘结果状

第四章
耐（抗）柑橘黄龙病种质资源

第一节　耐（抗）柑橘黄龙病种质材料的收集、保存与筛选

黄龙病是一种世界性的柑橘毁灭性病害。目前黄龙病在我国广东、广西、福建、海南、四川、江西、云南、贵州、浙江、湖南、台湾等地都有发生。巴西、美国等国家也有该病发生的报道。黄龙病病原是一类难以培养的革兰氏阴性细菌，目前已经发现有3个种：亚洲种（*Candidatus* Liberibacter asiaticus，CLas）、非洲种（*Ca.* L. africanus，CLaf）和美洲种（*Ca.* L. americanus，CLam），主要通过柑橘木虱、嫁接、带病的苗木传播，也可以通过菟丝子传播。黄龙病每年对我国柑橘产业造成的经济损失高达数十亿元人民币。

黄龙病为害不但造成很大的经济损失，而且该病的防治也非常困难，目前该病可防可控而不能治。为了解决柑橘黄龙病为害问题，从2008年开始，本团队先后开展耐（抗）柑橘黄龙病种质材料的收集、保存与筛选，耐病新品种的选育及耐病机理的研究工作。在实地调查时发现少数柑橘黄龙病发生严重的果园中有个别柑橘植株在周边柑橘植株被黄龙病毁掉2～3代后仍健康存活，表明在田间可能存在耐黄龙病的柑橘植株突变资源。因此，从广西筛选获得耐黄龙病的柑橘种质资源是极其有可能的，种植耐病品种是防控黄龙病的一种有效方法，也是未来的趋势。筛选出对柑橘黄龙病具有耐性的柑橘种质材料，并在生产上推广应用，是解决柑橘黄龙病为害最根本的途径，对柑橘产业健康可持续发展具有十分重要的意义。

一、耐（抗）柑橘黄龙病种质材料的选种与收集

从2008年开始，在全广西范围内开展耐（抗）柑橘黄龙病种质材料的调查、选种与收集工作，田间耐（抗）黄龙病选种及耐病种质材料的收集具体方法如下。

（一）耐（抗）柑橘黄龙病种质材料选种时期

整个柑橘生长季，重点在秋、冬季柑橘黄龙病病症表现期。

（二）耐（抗）柑橘黄龙病种质材料选种标准

（1）黄龙病发病严重的单株中仍生长1～2个健康枝条，开花结果正常，叶色浓绿，没有黄龙病症状。

（2）在黄龙病疫区顽强生长的单株，周围的柑橘树因黄龙病已死亡，剩下的单株生长结果正常，树龄越长越好。

（3）黄龙病发生率高的失管果园，不表现黄龙病症状的单株。

（4）表现了黄龙病症状却不影响生长的单株。

（5）黄龙病发生率普遍偏低的品系。

二、耐（抗）柑橘黄龙病种质材料保存

在广西壮族自治区范围内对野生柑橘种质资源和田间疑似耐（抗）柑橘黄龙病的种质材料进行调查、选种和收集，共收集疑似耐（抗）柑橘黄龙病种质材料182份，其中野生柑橘资源19份（图4–1至图4–3），田间疑似耐（抗）柑橘黄龙病种质材料163份（图4–4至图4–6），建立国内首个耐（抗）柑橘黄龙病种质资源保存圃（图4–7）。

图4–1　兴安野橘（猫儿山野橘）

图 4-2　野生宜昌橙

图 4-3　姑婆山臭柑（皱皮柑）

图 4-4　25 年树龄沙糖橘

图 4-5　37 年树龄椪柑

图 4-6　100 年以上树龄沙田柚

图 4–7　耐（抗）柑橘黄龙病种质资源保存圃

三、耐（抗）柑橘黄龙病种质资源的鉴定与筛选

（一）发明了耐（抗）柑橘黄龙病种质资源鉴定的新方法——高接染毒鉴定法

将待鉴定的种质材料直接高接在柑橘黄龙病树上，高接成活后通过黄龙病症状观察（图 4–8），结合黄龙病病菌定量 PCR 检测，鉴定其耐病性。

图 4–8　高接染毒鉴定

1. 高接方法

分为春接和秋接。同时设同一品种的对照品种进行高接。

春接：接种时间为 2—4 月，高接方式为单芽切接。操作方法：在高接树上选取直径 0.5 cm 以上的枝条，在树皮平

滑处剪断，在枝条断面下方沿皮层与木质部交界处向下纵切一刀，露出形成层，切面短于接穗芽，然后从待鉴定种质材料的枝条上切取单芽，将单芽插入中间砧枝条切口上，对准双方形成层并缚紧。

秋接：接种时间为 9—11 月，高接方式为小芽腹接。操作方法：在高接树上选取直径 0.5 cm 以上的枝条，在树皮平滑处沿皮层与木质部交界处向下纵切一刀，露出形成层，切面长度 2.0 ～ 4.0 cm，然后从待鉴定种质材料的枝条上切取芽片，将芽片插入砧枝条切口上并缚紧，保留高接枝条。

2. 高接染毒鉴定法优点

（1）每份待鉴定材料直接嫁接在黄龙病树上。

（2）病原可以持续侵染待鉴定的材料。

（3）接种病原数量多。

（4）鉴定周期在 6 个月以内，时间短。

（5）效率高、结果准确。

（二）耐（抗）柑橘黄龙病种质资源的鉴定筛选

对收集、保存的候选耐（抗）柑橘黄龙病种质材料（表 4–1、表 4–2）进行高接染毒鉴定，高接成活 4 个月后田间黄龙病典型斑驳型叶片黄化症状明显，对待鉴定材料进行黄龙病田间症状观察和统计，经观察发现部分材料没有表现黄龙病症状，与其他材料相比表现出了耐病性（图 4–9）。

表 4–1　野生柑橘种质材料收集情况

序号	原始编号	品种	采集地	序号	原始编号	品种	采集地
1	GCC–1	姑婆山野橘	广西特色作物研究院	11	GCC–11	飞龙枳	广西特色作物研究院
2	GCC–2	姑婆山臭柑	广西特色作物研究院	12	GCC–12	阳朔金柑	广西特色作物研究院
3	GCC–3	龙胜小江村宜昌橙	广西特色作物研究院	13	GCC–13	滑皮金柑	广西特色作物研究院
4	GCC–4	龙胜西江坪宜昌橙	广西特色作物研究院	14	GCC–14	马蜂柑	广西特色作物研究院
5	GCC–5	田林宜昌橙	广西特色作物研究院	15	GCC–15	沙柑	广西特色作物研究院
6	GCC–6	融水宜昌橙	广西特色作物研究院	16	GCC–16	扁柑	广西特色作物研究院
7	GCC–7	大种橙	广西特色作物研究院	17	GCC–17	贺州野橘	广西特色作物研究院
8	GCC–8	猫儿山宜昌橙	广西特色作物研究院	18	GCC–18	半野生柑	广西特色作物研究院
9	GCC–9	兴安野橘	广西特色作物研究院	19	GCC–19	土柠檬	广西特色作物研究院
10	GCC–10	枳	广西特色作物研究院				

表 4-2　田间耐（抗）黄龙病候选柑橘种质材料收集情况

序号	原始编号	品种	采集地	序号	原始编号	品种	采集地
1	KH-1	桂柑一号	桂林市平乐县源头农场	83	20KH-14	沙田柚	桂林市阳朔县兴坪镇
2	KH-2	桂柑一号	桂林市平乐县源头农场	84	20KH-15	沙田柚	桂林市阳朔县兴坪镇
3	KH-3	桂柑一号	桂林市平乐县源头农场	85	20KH-16	沙田柚	桂林市阳朔县兴坪镇
4	KH-4	桂橘一号	桂林市全州县咸水镇	86	20KH-17	沙田柚	桂林市阳朔县兴坪镇
5	KH-5	桂橘一号	桂林市全州县咸水镇	87	20KH-18	沙田柚	桂林市阳朔县兴坪镇
6	KH-6	桂橘一号	桂林市全州县咸水镇	88	20KH-19	沙田柚	桂林市阳朔县兴坪镇
7	KH-7	桂橘一号	桂林市全州县咸水镇	89	20KH-20	沙田柚	桂林市阳朔县兴坪镇
8	KH-8	桂橘一号	桂林市全州县咸水镇	90	20KH-21	沙田柚	桂林市阳朔县兴坪镇
9	KH-9	温州蜜柑	桂林市全州县桂北农场	91	20KH-22	沙田柚	桂林市阳朔县兴坪镇
10	KH-10	温州蜜柑	桂林市全州县桂北农场	92	20KH-23	沙田柚	桂林市阳朔县兴坪镇
11	KH-11	温州蜜柑	桂林市全州县桂北农场	93	20KH-26	沙田柚	桂林市阳朔县兴坪镇
12	KH-12	温州蜜柑	桂林市全州县桂北农场	94	KH-32	椪柑	贺州市富川县立新农场
13	18KH-1	温州蜜柑	柳州市石碑坪农场	95	KHY-3	椪柑	贺州市立新农场
14	18KH-2	温州蜜柑	柳州市石碑坪农场	96	KHY-5	椪柑	贺州市立新农场
15	KH-14	宫川	桂林市全州县桂北农场	97	18KH-5	椪柑	柳州市华侨农场
16	18KH-6	蜜广橘	柳州市柳城县华侨农场	98	18KH-13	椪柑	桂林市良丰农场
17	18KH-7	蜜广橘	柳州市柳城县华侨农场	99	18KH-14	椪柑	桂林市良丰农场
18	18KH-11	南丰蜜橘	桂林市荔浦市东昌镇	100	18KH-15	椪柑	桂林市良丰农场
19	KH-13	华脐	桂林市全州县桂北农场	101	18KH-16	椪柑	桂林市良丰农场
20	KH-31	脐橙	贺州市富川县立新农场	102	18KH-17	椪柑	桂林市良丰农场
21	KH-33	脐橙	贺州市富川县立新农场	103	18KH-18	椪柑	桂林市良丰农场
22	18KH-3	脐橙	柳州市华侨农场	104	18KH-19	椪柑	桂林市良丰农场
23	18KH-4	脐橙	柳州市华侨农场	105	18KH-20	椪柑	桂林市良丰农场
24	18KH-8	暗柳橙	桂林市荔浦市	106	18KH-21	椪柑	桂林市良丰农场
25	18KH-9	暗柳橙	桂林市荔浦市	107	18KH-22	椪柑	桂林市良丰农场
26	18KH-10	暗柳橙	桂林市荔浦市	108	18KH-23	椪柑	桂林市良丰农场
27	20KH-27	脐橙	桂林市全州县咸水林场	109	18KH-24	椪柑	桂林市良丰农场
28	20KH-28	脐橙	桂林市全州县咸水林场	110	18KH-25	椪柑	桂林市良丰农场
29	20KH-29	脐橙	桂林市全州县咸水林场	111	18KH-26	椪柑	桂林市良丰农场
30	20KH-30	脐橙	桂林市全州县咸水林场	112	18KH-27	椪柑	桂林市良丰农场
31	20KH-31	脐橙	桂林市全州县咸水林场	113	18KH-28	椪柑	桂林市良丰农场
32	20KH-32	脐橙	桂林市全州县咸水林场	114	18KH-29	椪柑	桂林市良丰农场
33	20KH-33	脐橙	桂林市全州县咸水林场	115	18KH-30	椪柑	桂林市良丰农场
34	20KH-34	脐橙	桂林市全州县咸水林场	116	18KH-31	椪柑	桂林市良丰农场
35	19KH-36	脐橙	贺州市富川县立新农场	117	良丰 KH-1	椪柑	桂林市良丰农场
36	19KH-37	脐橙	贺州市富川县立新农场	118	良丰 KH-2	椪柑	桂林市良丰农场
37	19KH-38	脐橙	贺州市富川县立新农场	119	良丰 KH-3	椪柑	桂林市良丰农场

续表

序号	原始编号	品种	采集地	序号	原始编号	品种	采集地
38	19KH-34	德保橘	百色市德保县	120	良丰 KH-4	椪柑	桂林市良丰农场
39	19KH-35	探戈	百色市德保县	121	良丰 KH-5	椪柑	桂林市良丰农场
40	KH-16	沙糖橘	梧州市岑溪市筋竹镇	122	良丰 KH-6	椪柑	桂林市良丰农场
41	KH-17	沙糖橘	梧州市岑溪市筋竹镇	123	良丰 KH-7	椪柑	桂林市良丰农场
42	KH-18	沙糖橘	梧州市岑溪市筋竹镇	124	良丰 KH-8	椪柑	桂林市良丰农场
43	KH-19	沙糖橘	梧州市岑溪市筋竹镇	125	良丰 KH-9	椪柑	桂林市良丰农场
44	KH-20	沙糖橘	梧州市岑溪市筋竹镇	126	良丰 KH-10	椪柑	桂林市良丰农场
45	KH-21	沙糖橘	梧州市岑溪市筋竹镇	127	19KH-1	椪柑	桂林市良丰农场
46	KH-22	沙糖橘	梧州市岑溪市筋竹镇	128	19KH-2	椪柑	桂林市良丰农场
47	KH-23	沙糖橘	梧州市岑溪市筋竹镇	129	19KH-3	椪柑	桂林市良丰农场
48	KH-24	沙糖橘	梧州市岑溪市筋竹镇	130	19KH-4	椪柑	桂林市良丰农场
49	KH-25	沙糖橘	梧州市岑溪市筋竹镇	131	19KH-5	椪柑	桂林市良丰农场
50	KH-26	沙糖橘	梧州市苍梧区京南镇	132	19KH-6	椪柑	桂林市良丰农场
51	KH-27	沙糖橘	梧州市苍梧区京南镇	133	19KH-7	椪柑	桂林市良丰农场
52	KH-28	沙糖橘	梧州市苍梧区京南镇	134	19KH-8	椪柑	桂林市良丰农场
53	KH-29	沙糖橘	梧州市苍梧区京南镇	135	19KH-9	椪柑	桂林市良丰农场
54	KH-30	沙糖橘	梧州市苍梧区京南镇	136	19KH-10	椪柑	桂林市良丰农场
55	KH-34	沙糖橘	梧州市苍梧区京南镇	137	19KH-11	椪柑	桂林市良丰农场
56	KHY-4	沙糖橘	梧州市苍梧区京南镇	138	19KH-12	椪柑	桂林市良丰农场
57	KHY-6	沙糖橘	梧州市苍梧区京南镇	139	19KH-13	椪柑	桂林市良丰农场
58	19KH-39	沙糖橘	梧州市岑溪市筋竹镇	140	19KH-14	椪柑	桂林市良丰农场
59	19KH-40	沙糖橘	梧州市岑溪市筋竹镇	141	19KH-15	椪柑	桂林市良丰农场
60	19KH-41	沙糖橘	梧州市岑溪市筋竹镇	142	19KH-16	椪柑	桂林市良丰农场
61	19KH-42	沙糖橘	梧州市岑溪市筋竹镇	143	19KH-17	椪柑	桂林市良丰农场
62	19KH-43	沙糖橘	梧州市岑溪市筋竹镇	144	19KH-18	椪柑	桂林市良丰农场
63	19KH-44	沙糖橘	梧州市岑溪市筋竹镇	145	19KH-19	椪柑	桂林市良丰农场
64	20KH-24	沙糖橘	桂林市阳朔县兴坪镇	146	19KH-20	椪柑	桂林市良丰农场
65	20KH-25	沙田柚	桂林市阳朔县兴坪镇	147	19KH-21	椪柑	桂林市良丰农场
66	KH-15	沙田柚	玉林市容县十里镇	148	19KH-22	椪柑	桂林市良丰农场
67	KHY-1	沙田柚	玉林市容县容州镇	149	19KH-23	椪柑	桂林市良丰农场
68	KHY-2	沙田柚	玉林市容县容州镇	150	19KH-25	椪柑	桂林市良丰农场
69	KHY-7	沙田柚	桂林市阳朔县兴坪镇	151	19KH-26	椪柑	桂林市良丰农场
70	20KH-1	沙田柚	桂林市阳朔县兴坪镇	152	19KH-27	椪柑	桂林市良丰农场
71	20KH-2	沙田柚	桂林市阳朔县兴坪镇	153	19KH-28	椪柑	桂林市良丰农场
72	20KH-3	沙田柚	桂林市阳朔县兴坪镇	154	19KH-29	椪柑	桂林市良丰农场
73	20KH-4	沙田柚	桂林市阳朔县兴坪镇	155	19KH-30	椪柑	桂林市良丰农场
74	20KH-5	沙田柚	桂林市阳朔县兴坪镇	156	19KH-31	椪柑	桂林市良丰农场
75	20KH-6	沙田柚	桂林市阳朔县兴坪镇	157	19KH-32	椪柑	桂林市良丰农场

续表

序号	原始编号	品种	采集地	序号	原始编号	品种	采集地
76	20KH-7	沙田柚	桂林市阳朔县兴坪镇	158	19KH-33	椪柑	桂林市良丰农场
77	20KH-8	沙田柚	桂林市阳朔县兴坪镇	159	21KH-1	金柑	柳州市融安县
78	20KH-9	沙田柚	桂林市阳朔县兴坪镇	160	21KH-2	金柑	柳州市融安县
79	20KH-10	沙田柚	桂林市阳朔县兴坪镇	161	21KH-3	金柑	柳州市融安县
80	20KH-11	沙田柚	桂林市阳朔县兴坪镇	162	21KH-4	金柑	桂林市阳朔县
81	20KH-12	沙田柚	桂林市阳朔县兴坪镇	163	21KH-5	金柑	桂林市阳朔县
82	20KH-13	沙田柚	桂林市阳朔县兴坪镇				

图 4-9 田间症状观察

在观察待鉴定材料田间症状的同时采集样品，进行定性/定量 PCR 检测，结果表明部分材料感染黄龙病（检测结果为阳性）时间较晚，例如阳性对照在高接 5 个月后检测到已感染黄龙病，KHY-2 在高接 8 个月后才检测到黄龙病菌，GCC-8 在高接 11 个月后才检测到黄龙病菌。

表 4-3　部分材料不同时期定性 PCR 检测结果

材料与时间	KH-9	KHY-2	GCC-8	对照
2019 年 7 月	-	-	-	-
2019 年 8 月	-	-	-	+
2019 年 9 月	-	-	-	+
2019 年 10 月	-	-	-	+
2019 年 11 月	+	+	-	+
2019 年 12 月	+	+	-	+
2020 年 2 月	+	+	+	+
2020 年 4 月	+	+	+	+
2020 年 6 月	+	+	+	+
2020 年 8 月	+	+	+	+

注："+" 表示 PCR 检测结果为阳性，即已感染黄龙病菌；"-" 表示 PCR 检测结果为阴性，即未感染黄龙病菌。

感染黄龙病后，持续对待鉴定材料和对照进行黄龙病菌定量检测，结果显示 KHY-2 植株内的黄龙病菌平均含量为 123 520.0 个细胞/μg DNA，而对照植株内的黄龙病菌平均含量为 3 623 351.0 个细胞/μg DNA，KHY-2 中的黄龙病菌含量明显低于对照（图 4-10、表 4-3）。

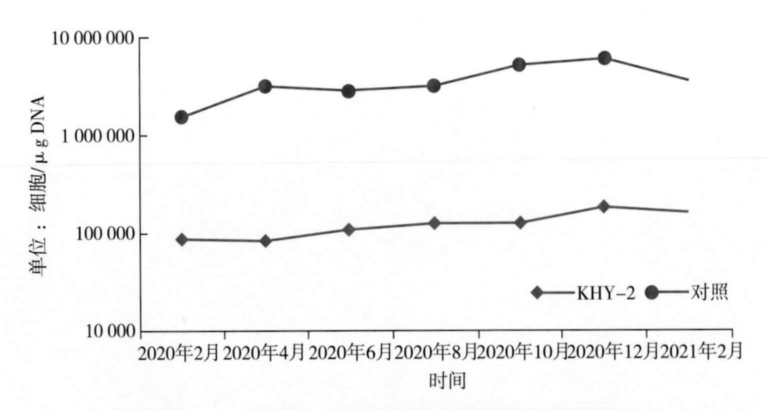

图 4-10　KHY-2 材料不同时期黄龙病菌含量

对收集、保存的疑似耐（抗）柑橘黄龙病种质材料，利用高接染毒鉴定法进行鉴定，通过黄龙病田间症状、体内黄龙病菌含量持续观察和统计，筛选出 16 份材料对柑橘黄龙病病菌侵染表现耐病性（表 4-4）。

表 4-4　耐（抗）柑橘黄龙病种质资源筛选情况

序号	原始编号	品种名	采样地点
1	KH-4	桂橘一号	桂林市全州县咸水镇
2	KH-6	桂橘一号	桂林市全州县咸水镇
3	KH-9	温州蜜柑	桂林市全州县桂北农场
4	KH-11	温州蜜柑	桂林市全州县桂北农场
5	KH-14	宫川	桂林市全州县桂北农场
6	KH-18	沙糖橘	梧州市岑溪市筋竹镇
7	KH-21	沙糖橘	梧州市岑溪市筋竹镇
8	KH-24	沙糖橘	梧州市岑溪市筋竹镇
9	KHY-6	沙糖橘	梧州市苍梧区京南镇
10	KHY-2	沙田柚	玉林市容县容州镇
11	KHY-5	椪柑	贺州市立新农场
12	良丰 KH-3	椪柑	桂林市良丰农场
13	GCC-8	猫儿山宜昌橙	广西特色作物研究院
14	GCC-15	沙柑	广西特色作物研究院
15	GCC-16	扁柑	广西特色作物研究院
16	GCC-17	贺州野橘	广西特色作物研究院

耐（抗）病性主要表现在：①感染黄龙病的时间较晚；②感染黄龙病后植株表现较为正常，黄龙病症状不明显；③感染黄龙病后，植株体内黄龙病菌含量显著低于感病（对照）材料。部分耐（抗）病材料高接表现见图 4-11 至图 4-20。

图 4-11　GCC-8（猫儿山宜昌橙）

图 4-12　GCC-15（沙柑）

图 4-13　GCC-16（扁柑）

图 4-14　GCC-17（贺州野橘）

图 4-15　KH-4（桂橘一号）

图 4-16　KH-14（宫川）

图 4-17　KH-21（沙糖橘）

图 4-18　KH-24（沙糖橘）

图 4-19　KHY-2（沙田柚）

图 4-20　KHY-5（椪柑）

第二节　柑橘黄龙病耐病机理研究

一、耐病材料黄龙病菌含量变化规律

高接鉴定过程中，对耐病材料的田间症状观察、染病时间差异及染病后植株生长情况进行综合分析。兴安野橘（猫儿山野橘）（CME）的染病时间较晚，高接后 8 个月才首次检测到黄龙病菌侵染；黄龙病菌侵染之后，兴安野橘体内的黄龙病菌含量明显低于对照甜橙（CS）（图 4-21），植株生长和结果均正常。实时荧光定量 PCR 检测兴安野橘和甜橙嫁接毒源后 8 ～ 36 周的 CT 值结果见表 4-5。

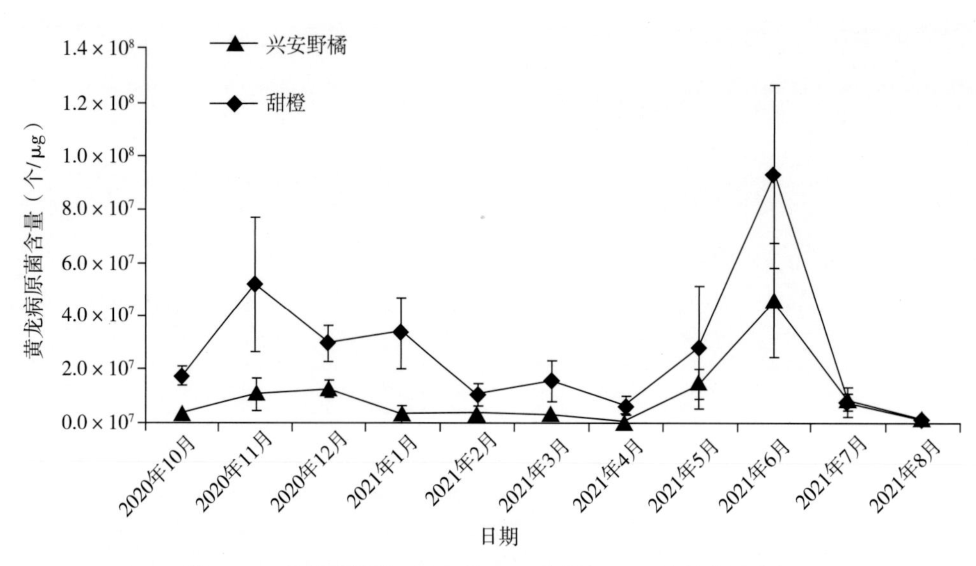

图 4–21 黄龙病侵染 CME 和 CS 后连续 10 月病菌含量变化

表 4–5 实时荧光定量 PCR 检测兴安野橘和甜橙嫁接毒源后 8 ~ 36 周的 CT 值结果

接种后（周）	CME1	CME2	CME3	CS1	CS2	CS3
8 周	40.00	40.00	40.00	40.00	40.00	40.00
10 周	40.00	40.00	40.00	40.00	40.00	40.00
12 周	40.00	40.00	40.00	40.00	40.00	40.00
14 周	40.00	40.00	40.00	39.85	39.58	37.48
16 周	40.00	40.00	40.00	38.27	37.28	38.63
18 周	38.15	38.19	38.76	35.21	35.72	34.97
20 周	39.09	38.96	38.17	34.14	32.85	34.62
22 周	35.64	35.56	35.42	34.59	32.32	35.96
24 周	32.20	34.86	33.80	35.66	35.13	33.40
26 周	35.32	34.09	33.96	34.42	34.37	34.75
28 周	31.52	32.18	32.04	31.39	31.42	31.64
30 周	32.03	31.98	32.32	34.92	35.10	35.95
32 周	34.71	34.93	35.37	33.33	33.71	33.82
34 周	33.94	34.70	33.69	34.09	35.00	34.10
36 周	32.06	32.34	32.10	34.66	34.39	34.51

注：CT 值大于 35 为阴性（未感病），CT 值小于 35 为阳性（感病）。

二、耐病材料转录组学研究

对耐病材料兴安野橘（CME）接种黄龙病菌后进行转录组分析，同时以甜橙（CS）为感病对照。

（一）差异表达基因筛选

在 CME 材料中，首次检测到 HLB 时（CME-E vs CME-H），我们得到了 1 321 个差异表达的基因（Log_2 ratio>1.0, p-value ≤ 0.05, FDR ≤ 0.1），其中 727 个上调，594 个下调；接种 HLB 后期（CME-L vs CME-H），CME 中的差异基因有 2 606 个，其中 1 207 个上调，1 399 个下调（图 4-22）。两个时期中，同时上调的差异基因有 309 个，同时下调的差异基因有 332 个（图 4-23）。

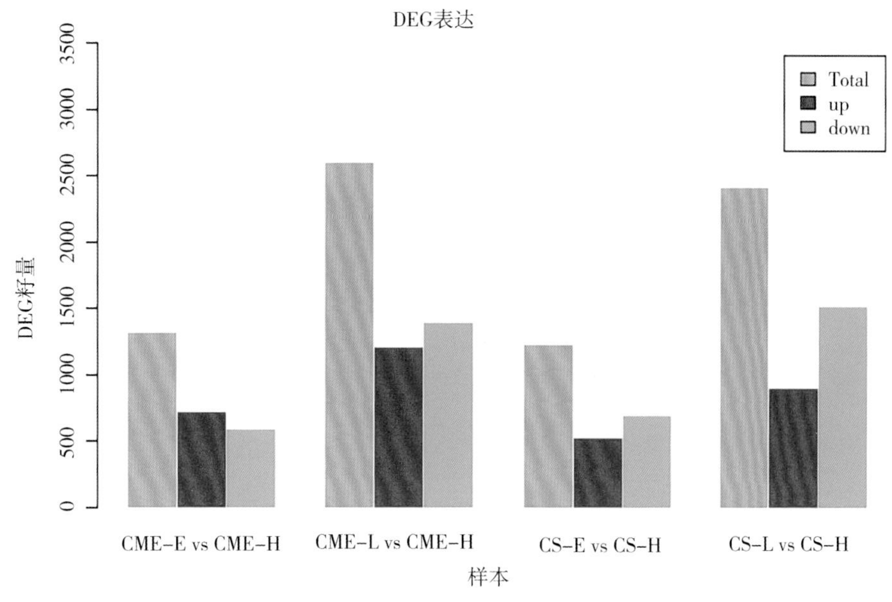

图 4-22　不同样品中差异基因数量分布图

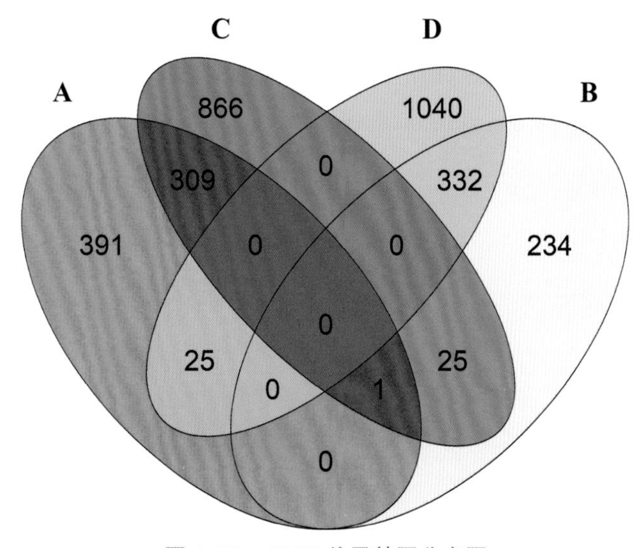

图 4-23　CME 差异基因分布图

首次检测到 HLB 菌（CS-E vs CS-H）时，在 CS 材料中得到了 1 227 个差异表达的基因，其中 533 个上调，694 个下调。接种 HLB 后期（CS-L vs CS-H），在 CS 中差异基因有 2 416 个，其中上调的有 899 个，下调的有 1 517 个。同时上调的有 147 个，同时下调表达的有 358 个（图 4-24）。

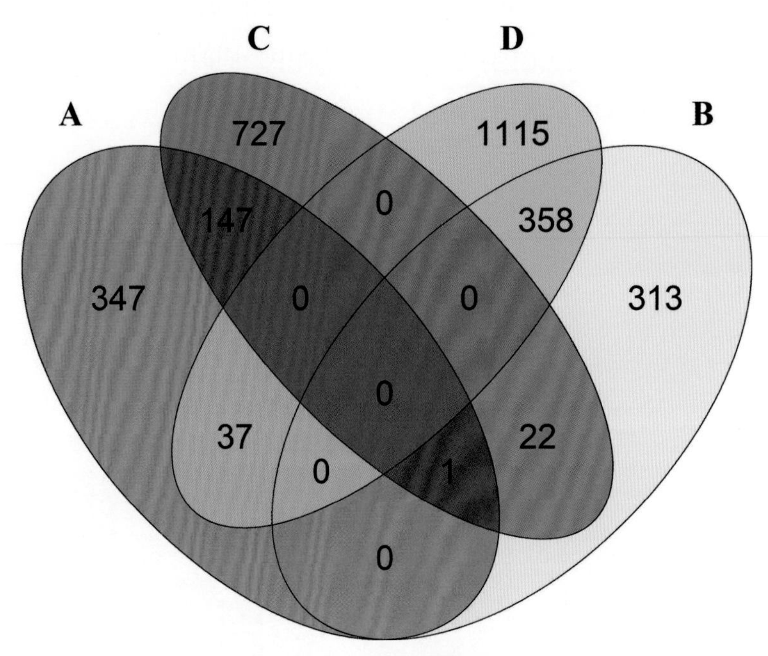

图 4-24　CS 差异基因分布图

（二）KEGG 富集

将耐病品种兴安野橘（CME）和感病品种甜橙（CS）第一个时期上调和下调基因进行 KEGG 通路富集（p-value ≤ 0.1），结果如图 4-25 所示。在 CME 中，上调基因主要富集在苯丙烷生物合成、细胞色素 P450、淀粉和蔗糖代谢、半乳糖代谢、胰岛素抵抗、转录因子、植物—病原体相互作用等通路；下调基因富集在细胞色素 P450、甘油酯代谢通路（图 4-26）。

在 CS 中，上调基因主要富集在细胞色素 P450、转录因子、糖基转移酶、半乳糖代谢等通路（图 4-27）；下调基因主要富集在细胞色素 P450，植物—病原体相互作用，淀粉和蔗糖代谢，脂质生物合成蛋白，托烷、哌啶和吡啶生物碱生物合成、光合作用蛋白质等通路（图 4-28）。

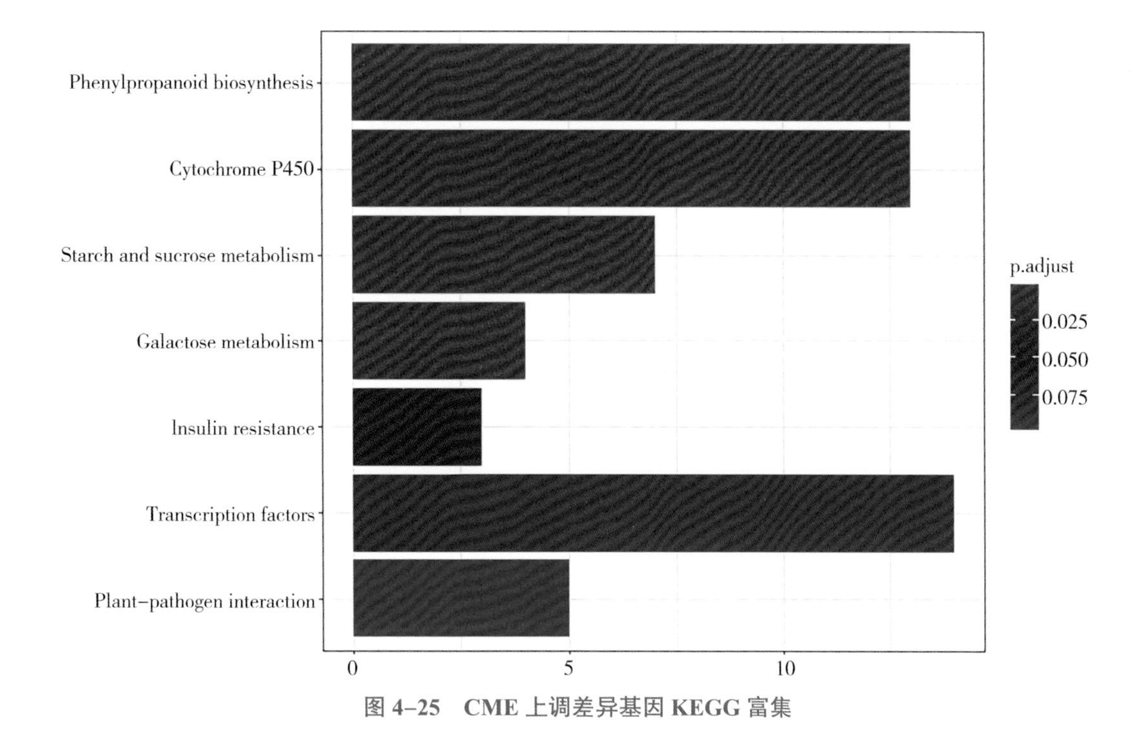

图 4-25　CME 上调差异基因 KEGG 富集

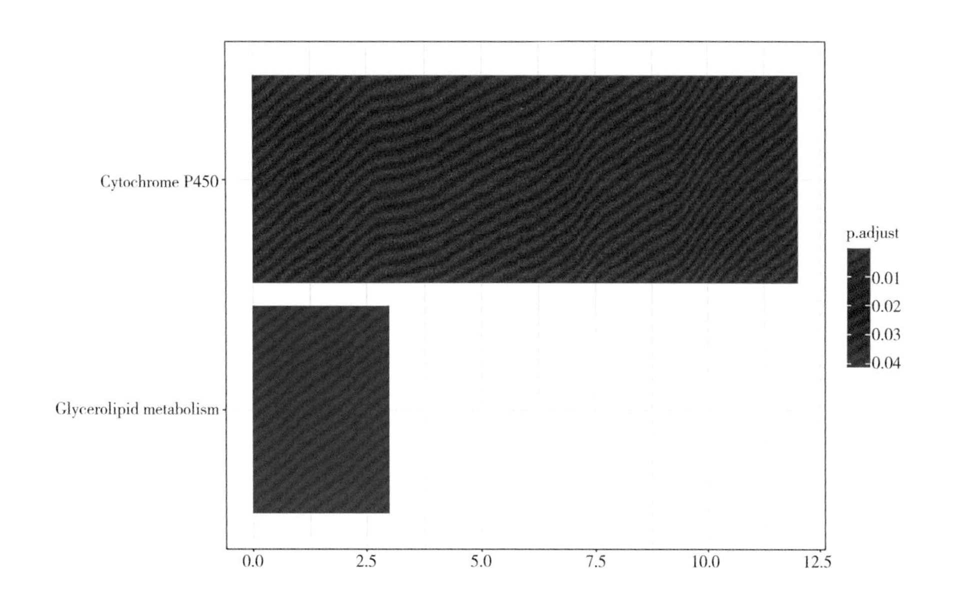

图 4-26　CME 下调差异基因 KEGG 富集

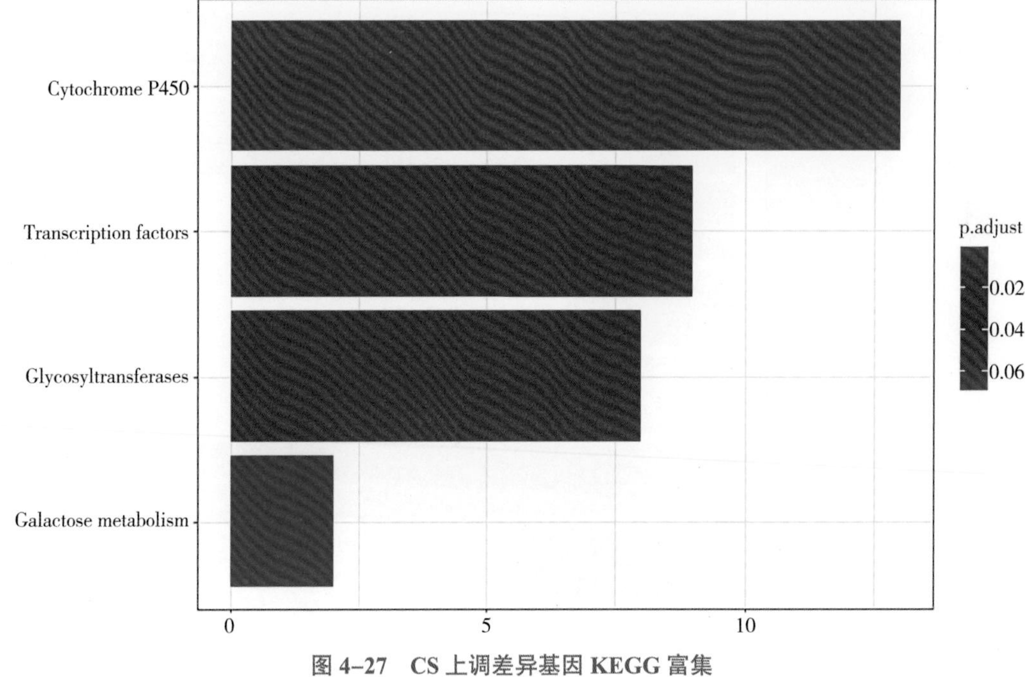

图 4-27　CS 上调差异基因 KEGG 富集

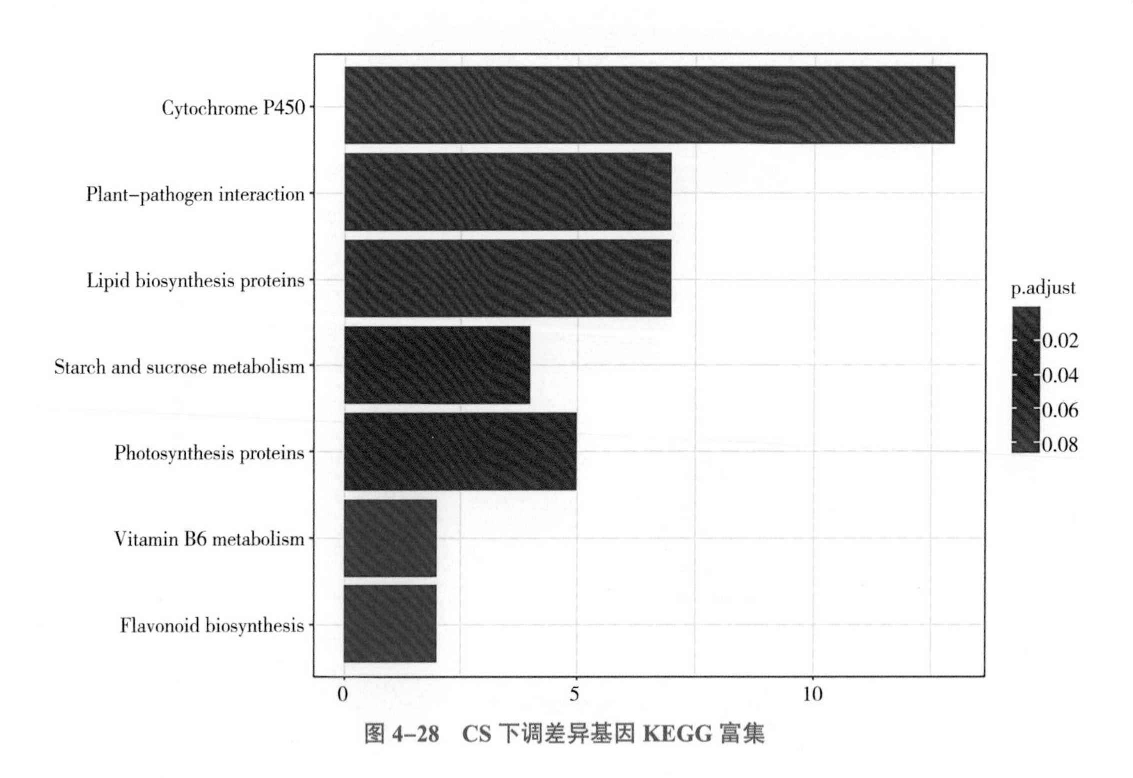

图 4-28　CS 下调差异基因 KEGG 富集

（三）抗性相关代谢途径及基因分析

基于以上差异表达基因在兴安野橘（CME）和甜橙（CS）中的 KEGG 通路富集情况，对苯丙烷生物合成代谢过程、细胞色素 P450 等途径以及抗性相关基因进行具体分析。

1. 苯丙烷生物合成代谢途径及相关基因

苯丙烷合成及代谢过程对植物抵御逆境有着重要的作用。苯丙氨酸脱氨酶（PAL）和 4- 香豆酸 - 辅酶 A 连接酶（4CL）是苯丙烷代谢途径中的关键酶，它们的活性在植物体内的变化与植物的抗病性存在一定联系。在黄龙病菌侵染 CME 和 CS 后，苯丙烷生物合成代谢途径中有 11 个基因参与表达，其中 1 个调控 4CL 基因在 CME 中上调表达，在 CS 中没有明显变化，1 个调控 PAL 基因在 CME 中上调表达，在 CS 中下调，调控四氢大麻酚酸（THCA）合酶的基因有 1 个，在 CME 中上调表达。这些基因在 CME 中比在 CS 中被激活得更快，表达更多。苯丙烷类生物合成途径始于苯丙氨酸，在 PAL 的催化作用下生成肉桂酸，经肉桂酸 -4- 羟基化酶（C4H）催化生成对羟基香豆酸，再经 4CL 催化生成 4- 香豆酸辅酶 A，之后进入下游特异合成途径转化为香豆素、木质素等不同的苯丙烷类代谢产物。CME 和 CS 接种黄龙病菌后，有 8 个调控过氧化物酶（PRX）的基因（在 CME 和 CS 中均上调表达的有 5 个，在 CME 中上调而在 CS 中下调的有 3 个）差异表达，其中 PRX72、PRX52 参与木质素生物合成过程。木质素含量的提高可以增加植物抵抗病害的能力，阻止病原菌进一步侵染植株。

2. 细胞色素 P450 途径及相关基因

细胞色素 P450 在植物中介导的反应范围广泛，参与苯丙烷类、萜类等许多天然代谢产物的合成。在黄龙病菌侵染 CME 和 CS 后，CYP450 通路中有 23 个基因参与表达，其中编码脱落酸 8’ - 羟化酶（ABA8’ H）基因有 2 个（CYP707A1 在 CME 中第一个时期上调表达，之后下调，在 CS 中持续上调；CYP707A2 在 CME 中第一个时期下调表达，之后上调，在 CS 中持续下调），ABA8’ H 是参与脱落酸分解代谢的关键酶，主要参与非生物胁迫的响应，它在 CME 和 CS 中表达量的不同变化趋势可能是对当时环境变化做出的胁迫响应。编码香叶醇 8- 羟化酶（G8H）的基因 CYP76C 有 4 个（1 个在 CME 中上调表达，3 个在 CME 中下调表达），编码 CYP83B 有 2 个（1 个

在 CME 中上调表达，1 个在 CME 中下调表达），植物抗毒素是植物响应病原体攻击而合成的低分子量抗菌化合物，是一种吲哚衍生物，响应细菌病原体而产生，CYP83B 参与吲哚硫代葡萄糖苷和吲哚乙酸的生物合成过程，在 CME 中的上调表达可能是对细菌的防御反应，寄主为抵御黄龙病菌入侵而被诱导产生植物抗毒素。另外，还有 1 个编码 CYP90B 的基因、1 个编码 CYP82C 的基因、1 个编码 CYP741A 的基因、1 个编码 CYP85A 的基因、2 个编码 CYP749A 的基因、1 个编码 CYP89A 的基因、1 个编码 CYP86A 的基因、1 个编码类黄酮 3’单加氧酶（F3’M）基因、1 个 3– 表 –6– 脱氧长春花甾酮 23– 单氧酶基因在 CME 中上调表达，2 个编码 CYP71A 的基因、1 个编码 CYP78A 的基因、1 个编码苯丙氨酸 N– 单氧酶（CYP79A）、1 个编码内根 – 贝壳杉烯氧化酶（KO）的基因在 CME 中下调表达。其中，F3’M 是类黄酮 3’羟化酶（F3’H）所需的产物，F3’H 是类黄酮生物合成过程的一个关键酶，主要参与花青素合成过程，花青素的抗氧化活性可以清除干旱等逆境胁迫过程中产生的活性氧自由基，从而减少植物细胞损伤，增强植物抗性抵御病原菌侵染。

3. 淀粉和蔗糖代谢途径及相关基因

在淀粉和蔗糖代谢途径中有 7 个基因参与表达，其中 2 个调控蔗糖磷酸合酶（SPS）基因和 1 个调控 β– 呋喃果糖苷酶（lnv）基因均在 CME 和 CS 中上调表达，SPS 和 lnv 参与蔗糖的合成和分解，是蔗糖代谢的关键酶。2 个海藻糖磷酸酶（TPP）基因在 CME 中上调表达而在 CS 中表达量没有明显变化趋势，TPP 是海藻糖合成过程中的关键酶，在植物中提高 TPP 基因的表达量可以提高植物对非生物逆境胁迫的抗性。2 个 β– 淀粉酶（BAM）基因在 CME 中上调表达（其中 1 个在 CS 中上调，另 1 个在 CS 中下调）。BAM 广泛存在于植物中，参与各种生物学过程的调控，响应糖、激素等外界刺激。

4. 半乳糖代谢途径及相关基因

在半乳糖代谢途径中有 4 个基因参与表达，其中 2 个肌醇半乳糖苷合酶（*GolS*）基因和 1 个肌醇半乳糖苷 – 蔗糖半乳糖基转移酶（*SIP2*）基因在 CME 中持续上调表达，在 CS 中呈现先上调后下调的趋势，另 1 个肌醇半乳糖苷 – 蔗糖半乳糖基转移酶（*SIP1*）基因在 CME 中先上调之后少量下调，在 CS 中先下调后上调。GolS 在植物的生物和非生物胁迫响应中发挥着重要作用。*GolS* 含量的增加可以诱导植物防御相关基因的表达，从而提高植株病原体感染的抗性。调控 *GolS* 基因的增加可能诱导了 CME 中某些抵抗黄龙病菌侵染的基因表达，从而表现出比 CS 具有更好的耐病性。

5. 转录因子途径及相关基因

转录因子在响应植物逆境胁迫过程中发挥着重要作用，它是调控抗性基因表达的重要元件。在转录因子途径中有 14 个基因参与表达，其中 1 个转录因子 TGA 基因，1 个转录因子 *MYB39* 基因，1 个转录因子 *MYB6* 基因，2 个转录因子 *MYB108* 基因，3 个转录因子 *MYB44* 基因，1 个转录因子 *RAX2* 基因，1 个关联蛋白质 *Myb4* 基因，2 个乙烯应答转录因子（*ERF9*）基因，1 个同源亮氨酸拉链蛋白 *ATHB-7* 基因，1 个脱水反应元件结合蛋白基因在 CME 中均上调表达，除了 1 个转录因子 *MYB44* 基因和 1 个转录因子 *MYB108* 基因在 CS 中的表达量无明显变化，其余参与调控的基因在 CS 中也都上调表达。TGA 和 MYB 转录因子在植物生物胁迫和非生物胁迫反应中起重要作用，是抗病信号转导途径中的一类重要转录因子。

6. 植物 – 病原菌互作通路及相关基因

在植物与病原菌互作过程中有两道防御系统，第一道是病原相关分子激活的免疫反应（PTI），位于细胞质膜上的模式识别受体检测病原菌表面的病原相关分子特征（PAMPs），从而激活植物的先天免疫反应，限制病原体入侵和复制；第二个是效应蛋白触发的免疫反应（ETI），寄主细胞进化出抗病蛋白（R）特异性识别效应因子，进而诱发效应因子触发免疫反应，促使植物产生抗病性。在 CME 受黄龙病菌侵染后的植物 – 病原菌互作通路中的 PTI 系统中，2 个钙结合蛋白（*CALB*）基因，1 个呼吸爆发氧化同源酶（*Rboh*）基因，1 个类钙调蛋白（CML）基因均上调表达。在 ETI 系统中，1 个 RIN4 基因在黄龙病菌侵染 CME 前期表达量上调，到后期表达量显著下调，但在 CS 接种黄龙病前后该基因的表达量变化上下浮动不大。RIN4 作为一个负调节因子，它的减少可以增强细胞的抗性。

7. 甘油酯类代谢通路及相关基因

在甘油酯类代谢通路中，CMS 和 CS 在受黄龙病菌侵染后的表达量均不同程度的下调，包括 1 个调控胞质铁硫蛋白（DGAT）的基因、1 个编码非特异性磷脂酶 C（NPC）基因、1 个编码二酰基甘油酰基转移酶基因。NPC 在植物的防御反应中起着重要作用，NPC 通过水解磷脂产生二酰基甘油（DAG），再通过二酰基甘油激酶（DGK）转化生成磷脂酸（PA），DAG 和 PA 的生成可以响应抗病激发子的表达，快速激活防御

系统的植物抗毒素生成，从而增强植物抗性。

8. 候选基因筛选及验证

为了解析 CME 的耐病机制，我们先分别完成了耐病材料 CME 和感病材料 CS 3 个时期差异基因的筛选，将二者进行比较转录组分析。结果发现，在 CME 中，苯丙烷生物合成及代谢过程以及抗性相关的基因在接种 HLB 后显著上调表达。为了验证转录组测序结果的可靠性，我们从不同的代谢途径中挑选了 32 个表达趋势的基因设计引物进行 RT-qPCR 验证，其中包括苯丙烷代谢通路中的 C4H、PAL、FLS 基因，细胞色素 P450 途径中的 CYP714A1、CYP82C4、CYP84A1（F5H），过氧化物酶超家族蛋白中的 PRX15、PRX72、PRX73、PRX52、PRX53，编码乙烯转录因子的 DREB3、ERF9、RAP2-3、SHN2、ESE3，转录因子的 MYB44、MYB36、MYB105、TGA1、WRKY28，编码 R 蛋白复合物的成员 KCS1，参与细胞壁修饰的 PL13，参与淀粉分解的 BAMY1，编码 PR-6 蛋白酶抑制剂家族的 CMTI-V1、CMTI-V2，编码胚胎发生后期的丰富蛋白 LEA14-A，植物特有的一个大的跨膜结构域蛋白家族中的成员 MLO6，一种双组分反应调控因子 ARR9，编码通用应激蛋白 USPA，参与植物对昆虫的防御反应 ASP，编码亮氨酸蛋白激酶的 LRR-RLK1、LRR-RLK2、LRR-RLK3，MEKK 亚家族成员 FSD2。

结果如图 4-29 所示，图中横坐标中的 1 表示第一次检测黄龙病菌时的兴安野橘与嫁接毒源前的兴安野橘对比，2 表示染病后期的兴安野橘与嫁接毒源前的兴安野橘对比，3 表示第一次检测黄龙病菌时的甜橙与嫁接毒源前的甜橙对比，4 表示染病后期的甜橙与嫁接毒源前的甜橙对比，图中纵坐标表示 $\log_2$ Fold Change。从图 4-29 中可以看出大部分基因在兴安野橘中的变化趋势与转录组测序结果基本一致，可以认为转录组测序结果可靠。

综上所述，涉及苯丙烷代谢通路的相关基因在兴安野橘被诱导上调表达，而在甜橙中不显著富集。PAL、4CL 以及参与次级代谢产物合成的过氧化物酶在兴安野橘首次被检测到 CLas 时均上调表达，使得植物体内的花青素、木质素等含量增加，增强了植物对病原菌的抵抗能力，可能是兴安野橘表现出相对耐病的原因之一。

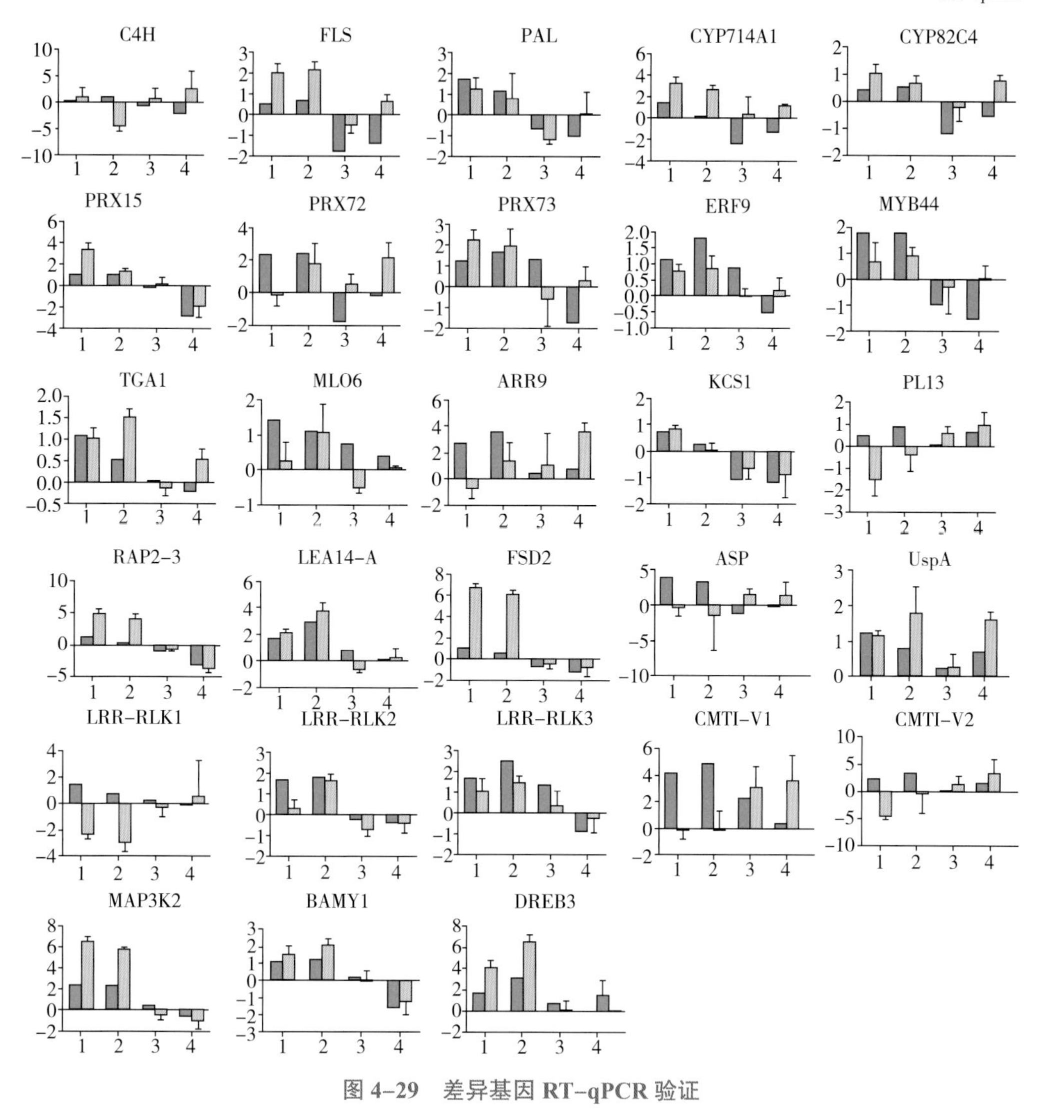

图 4-29　差异基因 RT-qPCR 验证

参考文献

邓崇岭，陈传武，唐艳，等，2016. 柑橘新品种‘桂橘一号’的选育 [J]. 果树学报，33（4）:496–499.

邓崇岭，陈传武，伊华林，等，2013. 柑橘新品种——‘柳城蜜橘’的选育 [J]. 果树学报，30（4）:712–714，504.

邓崇岭，邓光宙，邓秀新，等，2017. 晚熟金柑新品种‘桂金柑 2 号’的选育 [J]. 果树学报，34（10）:1357–1360.

邓崇岭，梁家禧，李植彝，等，1990.“早温矮生一号”选种初报 [J]. 浙江柑桔（1）:31–33.

邓崇岭，刘冰浩，陈传武，等，2015. 广西龙胜野生宜昌橙种群生命表分析 [J]. 果树学报，32（1）:1–5.

邓崇岭，唐艳，1994. 广西柚类及沙田柚栽培历史初步考证 [J]. 广西柑桔（2）:35–36.

邓崇岭，唐艳，梁家禧，1994. 柑桔新种质资源单胚温柚一号 [J]. 作物品种资源（2）:48,46.

邓崇岭，徐志美，邓光宙，等，2013. 广西贺州姑婆山野生柑桔资源的复核调查 [J]. 中国南方果树，42（5）:8–10.

邓崇岭，岳仁芳，以农乐，等，1990. 大果少核椪柑变异株系——DPS–1 选种初报 [J]. 广西柑桔（1）:1–2.

邓光宙，王明召，蒋运宁，等，2012. 融安金柑黄化落果的原因调查研究 [J]. 南方园艺，23（1）:10–13.

邓秀新，彭抒昂，2013. 柑橘学 [M]. 北京：中国农业出版社 .

付慧敏，蒋运宁，邓崇岭，等，2022. 尤力克柠檬及北京柠檬果实生长动态规律观察 [J]. 南方园艺，33（3）:1–4.

广西壮族自治区、中国科学院广西植物研究所，2011. 广西植物志 · 第三卷　种子植物

[M]. 南宁：广西科学技术出版社 .
何天富，2009. 柑橘学 [M]. 北京：中国农业出版社 .
黄成就，1997. 中国植物志 · 第三十四卷 · 第二分册 [M]. 北京：科学出版社 .
江东，龚桂芝，等，2003. 柑橘种质资源描述规范和数据标准 [M]. 北京：中国农业出版社 .
蒋运宁，邓崇岭，陈传武，等，2020.13 个柠檬品种在广西桂林的引种研究初报 [J]. 南方园艺，31（3）:40–45.
蒋运宁，邓崇岭，刘升球，等，2022. 砧木对“台湾香水柠檬”生长结果与品质的影响 [J]. 中国南方果树，51（4）:20–24.
李炳东，弋德华，1985. 广西农业经济史稿 [M]. 南宁：广西民族出版社 .
刘冰浩，邓崇岭，陈传武，等，2015. 广西地方柑橘资源的 ISSR 分析 [J]. 果树学报，32（6）:1001–1006.
刘冰浩，邓光宙，邓崇岭，等，2016. 金柑新品种‘桂金柑 1 号’的选育 [J]. 果树学报，33（6）:762–765.
刘冰浩，丁萍，牛英，等，2015. 九十二个柑桔品种（资源）花粉量与花粉直径的测定与分析 [J]. 北方园艺（18）:8–12.
刘孟军，1998. 中国野生果树 [M]. 北京：中国农业出版社 .
刘通，邓崇岭，程玉芳，等，2016. 利用 SSR 和 SRAP 技术分析广西柑橘种质遗传多样性 [J]. 华中农业大学学报，35（2）:23–29.
齐治平，1984. 桂海虞衡志校补 [M]. 南宁：广西民族出版社 .
（宋）韩彦直 撰，彭世奖 校注，2010. 橘录校注 [M]. 北京：中国农业出版社 .
沈德绪，王元裕，陈力耕，1998. 柑橘遗传育种学 [M]. 北京：科学出版社 .
沈丽娟，石健泉，卢美玲，等，1995. 柑桔杂交品种资源特性评价 [J]. 浙江柑桔（1）:2–4.
沈丽娟，石健泉，卢美玲，等，1995. 广西柑桔杂交品种资源特性评价 [J]. 广西柑桔（2）:1–6.
石健泉，1985. 广西苗儿山发现宜昌橙 [J]. 中国柑桔（4）:34.
石健泉，1988. 广西柑桔品种图册 [M]. 南宁：广西人民出版社 .
石健泉，1989. 姑婆山野生元桔调查简报 [J]. 作物品种资源（3）:21–22.
石健泉，沈丽娟，卢美玲，等，1994. 广西柑类品种资源特性评价 [J]. 广西农业科学

（5）:202–204.

石健泉，沈丽娟，卢美玲，等，1994. 广西柚种质资源特性评价 [J]. 广西柑桔（2）:15–21.

石健泉，沈丽娟，卢美玲，等，1994. 柚品种果实糖、酸含量的分级标准与风味的关系 [J]. 广西柑桔（3）:13–17.

石健泉，沈丽娟，肖敏茀，等，1988. 广西柑桔种质资源调查收集研究 [J]. 中国柑桔（4）:36–37.

孙云蔚，杜澍，姚昆德，1983. 中国果树史与果树资源 [M]. 上海：上海科学技术出版社 .

覃一明，杨天锦，石健泉，等，2009. 广西野生柑桔资源调查 [J]. 中国南方果树，38（4）:6–7.

唐艳，陈传武，付慧敏，等，2018. 柑橘新品种‘桂夏橙 1 号’的选育 [J]. 果树学报，35（6）:769–772.

唐艳，陈传武，刘升球，等，2018.W. 默科特杂柑在广西的引种观察及种植中注意的问题 [J]. 南方园艺，29（3）:25–27.

唐艳，陈传武，武晓晓，等，2018.‘桂夏橙 1 号’新品种的特性及高效优质栽培关键技术 [J]. 南方园艺，29（2）:21–24.

唐艳，武晓晓，邓崇岭，等，2018. 广西姑婆山野生柑橘资源花粉形态观察及其系统分类学研究 [J]. 西北植物学报，38（6）:1065–1071.

唐艳，武晓晓，邓崇岭，等，2018. 沙柑花粉形态观察研究 [J]. 广西植物，38（2）:250–259.

唐志鹏，高兴，秦荣耀，等，2018. 金柑新品种‘脆蜜金柑’的选育 [J]. 果树学报，35（1）:131–134.

王本旸，1987. 广西野生柑桔资源调查初报 [J]. 广西农业科学（3）:25–29.

武晓晓，陈传武，刘萍，等，2022. 基于重测序的广西姑婆山野生柑橘资源遗传演化及分类地位分析 [J]. 园艺学报，49（2）:407–415.

武晓晓，唐艳，邓崇岭，等，2018. 柑橘不同种属花粉形态观察 [J]. 果树学报，35（7）:794–801.

辛树帜，1963. 我国果树历史的研究 [M]. 北京：农业出版社 .

辛树帜，1983. 中国果树史研究 [M]. 北京：农业出版社 .

燕佳文，武晓晓，唐艳，等，2021. 基于 SRAP 分子标记的 11 份柑橘种质材料遗传多样性分析 [J]. 分子植物育种，19（2）:664–671.

张锦松，莫健生，韩有伦，等, 2008. 广西酸桔品种资源及其利用 [J]. 中国南方果树，37（4）:1–3,23.

中国柑橘学会，2008. 中国柑橘品种 [M]. 北京：中国农业出版社 .

周开隆，叶荫民，2010. 中国果树志・柑橘卷 [M]. 北京：中国林业出版社 .

DENG CL,CHEN CW,WU XX, et al.,2021. *Bergera unifolia*（Rutaceae）, a new species from Guangxi（China）based on morphological and molecular data[J]. Annales Botanici Fennici, 58（4–6）: 363–376.

WANG L, HE F, HUANG Y, et al.,2018.Genome of wild mandarin and domestication history of mandarin[J].Molecular Plant,11:1024–1037.